5岁就可以学
Scratch 编程啦

［西班牙］劳尔·拉贝拉　编著

文竹　译

U0221825

湖南科学技术出版社

献给我的母亲和妻子，
感谢你们的奉献与支持。

目录

欢迎来到 Scratch 编程世界

嘴巴里会喷火的龙，倒过来走的熊猫，戴围巾的青蛙，愤怒的小鸟，神秘森林，像素雨林……你看，我们已知和想象的一切都可以在电子游戏中实现，而现在你也可以开动"金手指"来创造自己喜欢的角色。**这太神奇了吧！**但是，我们要如何实现这一切呢？

现在的电脑还没有人类那么聪明，它必须接收指令才能工作，所以我们要用非常明确的指令让它明白我们的想法，这样它才能运转。这种向电脑发送指令的行为就是"**编程**"。

请不要把一个简单的电子游戏的制作过程想得十分复杂。在学习如何使用 Scratch 进行编程时，我们不会用很难懂的术语来教你如何做。不管是谁，只要对编程有兴趣并能乐在其中的话，都可以学会如何创作出属于自己的电子游戏。我们敢肯定，当你用这本书教你的知识来创作一款属于你自己的游戏时，你会有一种自己便是宫本茂本尊的感觉——他可是任天堂公司最有名的现代电子游戏设计师；也可以让你成为那位了不起的朵娜·贝利——正是她创作出了 20 世纪 80 年代的超前街机游戏《大蜈蚣》。你是否愿意创造故事和角色？你能否做出属于自己的游戏？如果你愿意的话，还能和很多人分享你的游戏。你有兴趣吗？有的话，欢迎来到我们的 Scratch 编程世界！

什么是编程？

编程是一门艺术，你肯定会发现这一点。编程是通过编写多行代码来对电脑下达精确指令，然后让它们运行的过程（更准确地说，是让电脑处理器运行）。除非是一把勺子、一张椅子等实体事物，在今天这个时代，几乎任何地方都要使用代码。

如果一个代码无法正常运作会怎么样呢？**那得赶紧去告诉阿丽亚娜 5 号火箭的工程师们！**阿丽亚娜 5 号火箭是多年来欧洲运载力最强的火箭，然而它在发射升空 37 秒后，**爆炸了！**只是一个非常小的代码例程（即一个很小的程序脚本）便造成了这次发射失败。这个代码例程遇到了所谓的"整数溢出"问题，也就是说它试图将数 65536 存储在只可容纳到数 65535 为止的变量之中。这个小错误共造成 3.86 亿欧元的损失，这可是整个项目所花费的数额。这真是太糟糕了！但这也体现了代码的重要性。

大家都知道电子游戏 Fortnite（堡垒之夜）吧？虽然它 2017 年才问世，但实际上它的制作公司从 2011 年开始就在开发这款游戏了。

当然你会发现，有时候用电脑编程的时候，电脑会有些奇怪，但这往往是因为我们告诉电脑的指令不正确，如此我们便需要修改程序脚本。

什么是 Scratch？它有什么作用？

Scratch 是众多编程语言中的一种。有了它，你就能在视觉化编程环境（基于动态图形的编程环境）中创作自己的游戏。比如说，你可以根据《口袋妖怪》或《海贼王》的风格**创作出属于你自己的动画**！只需敲一敲键盘，动一动鼠标，不管是非常简单的动画角色，还是十分复杂的动画电影，你都能制作出来。还有比这更棒的事情吗？

Scratch 的优点是我们不必为编写复杂的代码而头疼，因为程序已经为我们都准备好了。这就像一栋组装式房屋：你只需要按步骤将各个部分组装起来便大功告成——我们编程时的"**积木**"就如同组装房屋的各个部分。那么接下来，我们会向你展示它们用起来有多么简单。

你也许用过其他类似的编程系统，但是 Scratch 比许多同类系统要更优秀的地方在于它不使用"**方块与箭头**"，而是用了一个非常重要的东西——"**程序控制流**"，它能让你今后编写代码时不再需要借助任何影像的帮助。

你看，许多习惯使用方块与箭头进行编程的人无法再继续编程，因为情况越来越复杂，他们无法应对；而 Scratch 可以帮助你在通往程序员的道路上保持正确的前进方向。

在线 / 离线安装 Scratch

让我们开始吧！首先，我们可以使用 Scratch 的**在线**或者**离线**编辑器进行编程。

在线

离线

离线编辑器需要你从互联网上将 Scratch 编程软件下载下来并安装到你的电脑里。Scratch 和 Open Office（开放办公室）或 League of Legends（英雄联盟）这类软件一样，你用离线编辑器编程时无需联网，但得先满足一些条件。

在线编辑器意味着你将通过网页来使用 Scratch。这本书中我们用的就是 Scratch 3.0 的在线编辑器，它在浏览器网页上运行。如果你仍然希望使用 Scratch 的离线编辑器，那可要注意了，离线编辑器的版本为 Scratch 2.0。本书中我们将逐步和你说明这两个版本之间的主要区别，以便让你无论面对哪个版本，都可以轻松上手。

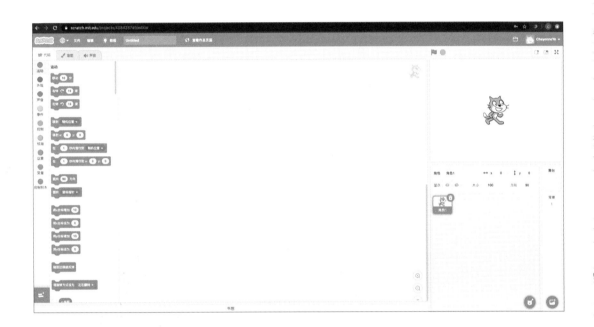

想要使用 Scratch，只需打开 Scratch 网站。你也注意到了吧，我们已经把网页上出现的小猫咪换成了一只很酷的熊猫，当然了，你可以继续使用小猫咪。稍后我们会告诉你如何改变角色。那么，**我们开始吧！**

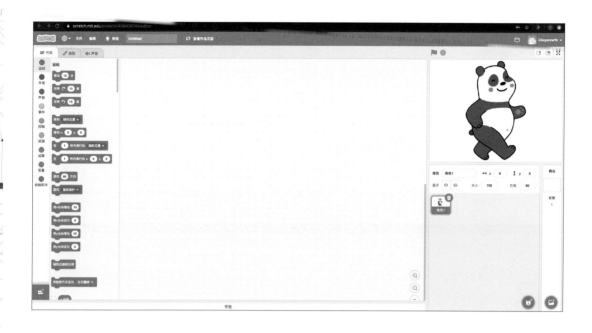

Scratch 用户界面

用 Scratch 进行编程时，首先要了解什么是舞台。请回忆一下你喜欢的电影，大屏幕上肯定会出现某个角色，比如**一位研究员、一名探险家或是一个机器人**，那么这个角色周围你所看到的场景就叫做**舞台**，它包含了和角色相关的各个元素。接下来，我们要用 Scratch 来创作一个舞台和一个角色，请先慢慢构思一下："我想通过这个作品来表达什么？""我能做出一个跳舞的场景吗？""我可以放入一个用键盘控制的小玩偶吗？""我想要做一个太空主题的游戏，驾驶一艘宇宙飞船来躲开那些陨石。"

舞台包含了你的程序所需要的一切元素：主角、造型、背景、配角。

做一个简单的小游戏，比如模拟一个电影场景，舞台上有两个角色，他们通过交谈讲述一个故事。这样的小游戏用 Scratch 很容易就能做出来，还有诸如把角色置于舞台中间，通过键盘的方向键来让角色向四周移动这样的简单游戏，也可以通过 Scratch 轻易实现。

当然，舞台和角色之外，你还需要用脚本来控制和安排每时每刻要发生什么事件。

下面这张图中你会看到 Scratch 用户界面的主要组成部分。

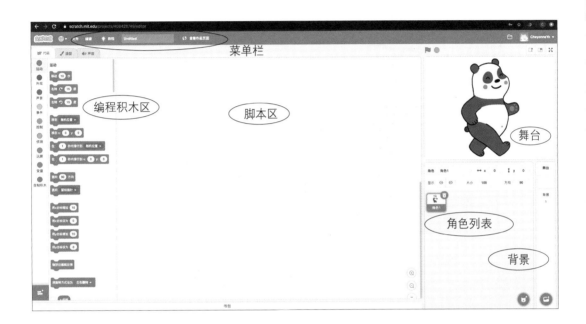

工具栏

Scratch 工具栏有下拉菜单（选项），包括了使用 Scratch 时要用到的基本功能。来吧，让我们看看里面藏着哪些惊喜！

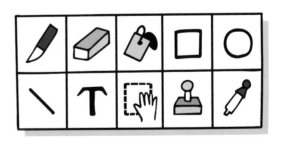

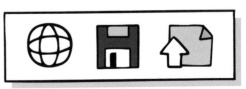

文件菜单里包含的是一些基本操作，我们将在下一幅图里为你展示。在 Scratch 3.0 测试（预览）版中，这个菜单中的功能并不多，所以我们向你详细介绍的是 Scratch 2.0 和 Scratch 3.0 中已有的功能。随着时间的推移，新版本中的文件菜单也将日趋完善。

新作品：此功能用于创建新的空白项目。如果你认为需要从头开始创建项目，请点击它或直接按 F5 键刷新页面。

从电脑中上传：有了它，我们可以打开和使用已有的项目。目前我们还没有创建任何项目，但是你可以先从网上下载并使用那些已经做好的作品。在接下来的章节中，你能学会并创作出一些奇思妙想的作品。拭目以待吧！

保存到电脑：此功能用于保存你在创作过程中执行的操作。如果点击它，项目会被保存到你的电脑里，这样即便你关闭浏览器，也不会丢失项目了。

下面这些功能属于 Scratch 2.0 这个版本，你可以在电脑上安装 Scratch 2.0 来体验它们。

录制项目视频：这个功能很酷，它允许你录下一分钟内在舞台上发生的事情。如果你希望录下自己创作项目的过程，然后把创作过程分享到一些视频网站，抑或通过互联网发送给其他人，那么这个功能就很适合你。

　　分享到网站：这个功能允许你在 Scratch 网站上分享你的作品。如果点击这个选项，软件会要求你提供在 Scratch 网站上的用户名和密码。当然，如果你还没有 Scratch 帐户，你是无法分享任何内容的。好吧，我们现在还没有创作任何项目，之后再使用这个功能吧。

　　检查更新：这个功能用于更新 Scratch 软件。虽然现在我们提到了这个功能，但你不会经常使用它。不过在你需要的时候，记得点击它。

编辑菜单

这个菜单用于在界面上执行常规更改操作，下面我们将为你简单介绍每个功能。

恢复：这个功能非常有用，因为它允许你撤销最后一次删除，也就是说，即便你不小心操作失误删掉了整个项目，你可以试着用这个功能来恢复之前做的内容。但请你别忘了还要经常使用"保存"功能，这样就不会在出现问题的时候突然失去你正在做的项目了。

当你用了"恢复"功能却没有找回丢失的内容时，也不用忧伤，这样的事情是会发生的，没有关系。失去的这几分钟是你切实经历和体验过的时间，此时此刻，你重新编写脚本的速度会比第一次做的时候快很多。

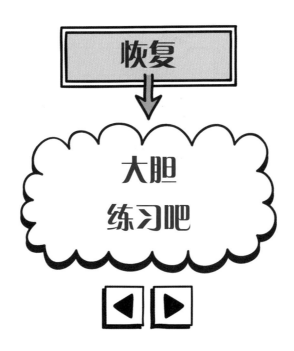

打开加速模式：这听起来非常酷！加……速！其实现在这个功能对我们来说用处不大。这个功能可以让程序脚本飞速运转，通常我们用它来测试那些有着非常复杂算法和大量循环的项目。但请你千万忍住，别去点它，不然你的程序运转起来会快得让人以为什么都没有发生过。

下面这个功能存在于 Scratch 2.0 版本中。

小舞台布局模式：这个功能可以调整舞台大小，以免舞台占用太多的界面空间。当用户界面右侧有很多代码，而你需要一次性查看全部代码时，这个功能会派上用场的。

帮助菜单

这个菜单里包括很多教程，会教你如何开始编程，但我们暂时还不需要它们。这里可以找到 Scratch 社区中已做好的项目，你需要的时候，随时可以观看它们。

积木区

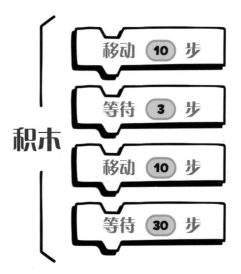

积木是 Scratch 编程中最基本的元素，正是它们让我们的小玩偶角色在屏幕上移动，用它们能做出各种超级酷炫的游戏。请注意下图，中间有一块积木，你可以看到上面写着"移动 10 步"。这就代表着我们的小玩偶（书中我们用的是熊猫）要走 10 步。

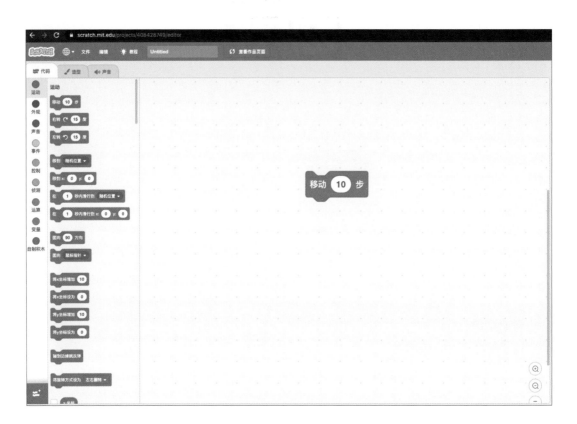

虽然我们还没有开始创作大型游戏，但现在我们先看看可爱的熊猫将如何移动。只需1 秒钟，现在请你将蓝色积木 移动 10 步 拖曳到脚本区。

然后，点击"事件"模块。

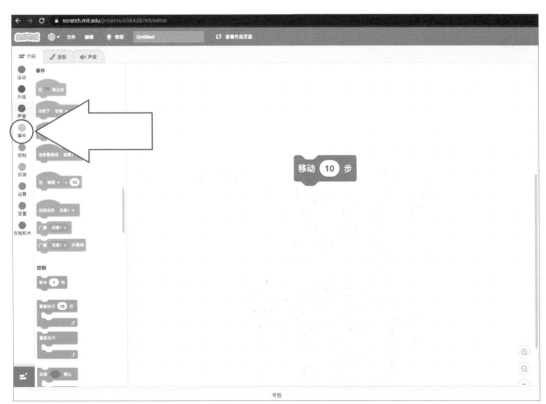

点击"事件"模块，蓝色积木会消失，取而代之的是黄色积木。接着，我们将新出现的黄色积木 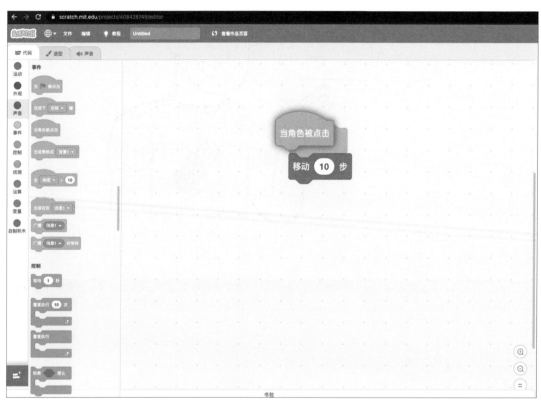 拖曳到脚本区，把它放在蓝色积木 移动 10 步 的上方。这一点很重要，你要非常小心地操作：黄色积木必须紧贴在蓝色积木的上面，也就是说一丝缝隙也不能留，请将它们紧紧拼贴在一起吧！

我们将黄色积木拖曳放置到刚才的蓝色积木上方。

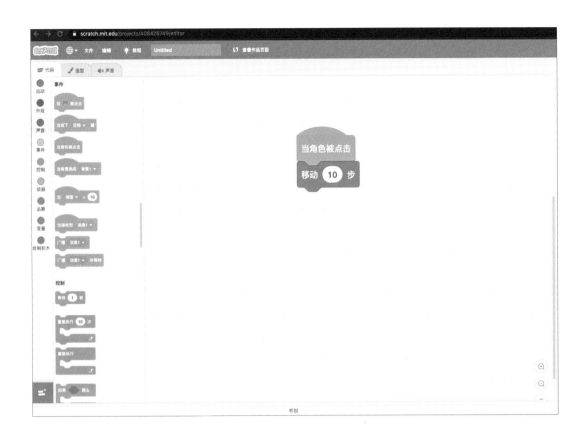

你将注意到，和 Scratch 2.0 这个版本相比，Scratch 3.0 做了一些颜色上的小小改变。比如原本 Scratch 2.0 中的棕色积木在 Scratch 3.0 变成黄色了。

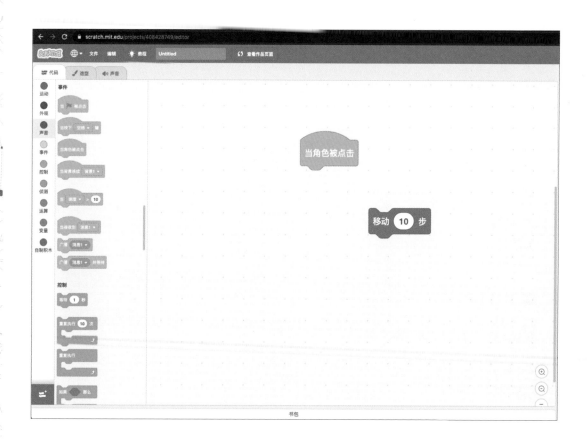

上图中的黄色积木块没有摆放好。如果你放置积木块时如上图所示，请重新摆放好它们。

它们没有摆放整齐！

　　完成前面的步骤后，我们在位于舞台中央的熊猫身上点一下鼠标左键，这时候熊猫会往右移动一点距离。它移动了吗？是的，太棒了！

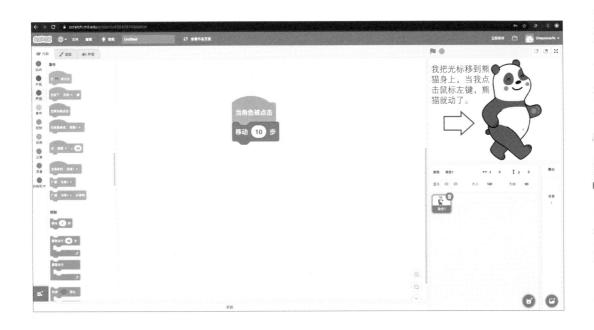

如果熊猫没有移动，你就需要查看一下程序的脚本（英语是 *script*），确保它和上图所示一致，脚本中的积木应该按照下面的顺序来摆放：

熊猫动起来了，我们向你表示祝贺！如果这个部分你做起来还有些困难，那么请仔细检查一下指令代码。千万不要气馁！当我们在编程时，往往会忽视一些错误，此时如果有人能伸出援手就再好不过了。人多力量大！

现在让我们了解一下积木区各个模块的功能，你会发现它们对你大有裨益。

蓝色积木区："运动"模块

在 Scratch 中，蓝色积木表示我们想要在舞台上做的一个动作。比方说，让我们的熊猫向左或者向右移动。想必有些人会说："嘿，我不是很想使用熊猫，我更想看到我的屏幕上有一只侏罗纪时代的恐龙或者一个巨大的机器人！"没问题，我们可以在之后把熊猫换成其他的角色。不过现在我们让这只熊猫再陪我们玩一会儿，它可是一位超级棒的朋友哦。

让我们仔细看看这些蓝色积木吧，它们十分有趣。

碰到边缘就反弹：如果角色走到舞台边缘，这块积木能让我们的角色（熊猫）自动旋转 180 度。那么你能用下面三块积木进行编程吗？让我们试一试吧。

接下来，请点击几次熊猫，直到它碰到舞台边缘，此时你会看到，熊猫没有继续向右移动，而是旋转了 180 度，然后往左走（它的头朝下了……啊！头好晕！）

最下面那块积木可以避免
让我们的熊猫走出屏幕，
并让它掉头回来。

虽然现在这只可怜的熊猫头朝下倒挂着，但别担心，稍后我们会改进代码，避免这种情况再次发生。

其他的蓝色操作（或者叫运动，英语是 motion）将以不同方式决定熊猫的位置：

转 15 度 / *Turn 15 degrees*：让熊猫左转或者右转 15 度。

面向__方向 / *Point in direction*：让熊猫可以面朝特定的角度，就像指南针一样，通过以下方式来设定面向的不同角度：

- 数值 90 代表面朝屏幕右边（就是此刻熊猫的角度）
- 数值 –90 代表面朝屏幕左边
- 数值 0 代表面朝上方
- 数值 180 代表面朝下方

试着用键盘上的数字键来更改数值，并单击"面向 _ 方向"积木，这样就能看到熊猫如何面朝不同的方向。那么请试一下输入数字 45，如你所见，这是位于 0 和 90 正中的数字，也就是说，熊猫的脸将朝向舞台的某一个角落。

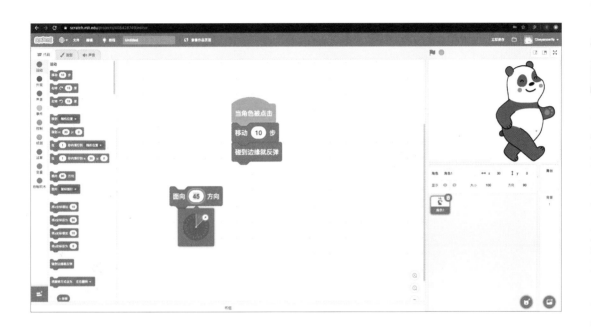

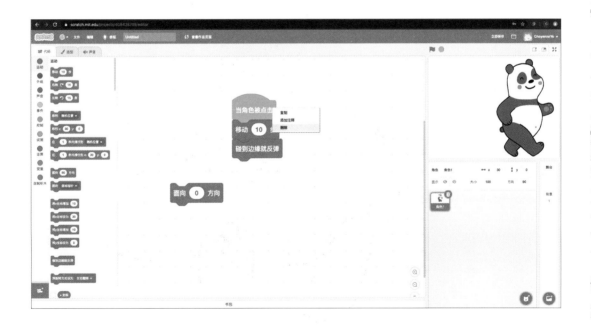

面向鼠标指针 / _Point-towards mouse pointer_：这个功能十分奇妙，未来当我们想创作用鼠标控制的互动游戏时，这个功能将对我们大有帮助。它能让熊猫面朝鼠标所指的位置。接下来，让我们用一个小程序试一试"**面向鼠标指针**"这个功能吧。但在此之前，我们必须先删除之前所做的项目，如上图所示，将鼠标放到积木上，单击鼠标右键。当然，如果你不想删除的话，也可以通过上方的文件菜单，点击"保存到电脑"这个功能来保存。在 Scratch 的在线编辑器中，刷新屏幕的最快方法是按 F5 键。

我们敲击空格键，这个脚本就可以让熊猫转动。

接下来，我们来编写下一个脚本。

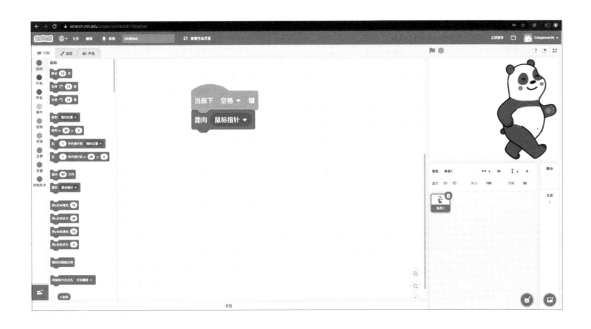

请注意第一个黄色的积木，你必须用鼠标点击"事件"模块来找到它并把它拖曳到界面的脚本区。接下来，你要在黄色积木下面放置一块蓝色 积木，请确保它们和上图所示位置一模一样（两块积木必须拼贴在一起）。

当你将它们拼好之后，所要做的便是将鼠标光标移到熊猫附近，然后按下空格键，这时**熊猫**就会朝着光标所在位置一点点**转动**了。脚本可以正确运行的话，你一边按空格键一边移动鼠标，那么熊猫就会一直面朝光标的方向。

我们不会对"运动"模块下的每块积木都进行解释，因为这样过于啰嗦烦人。我们最好先了解每种类型的模块有哪些基本功能，然后开始创作那些有趣的游戏，接下来让我们看看下一个脚本能做什么吧。

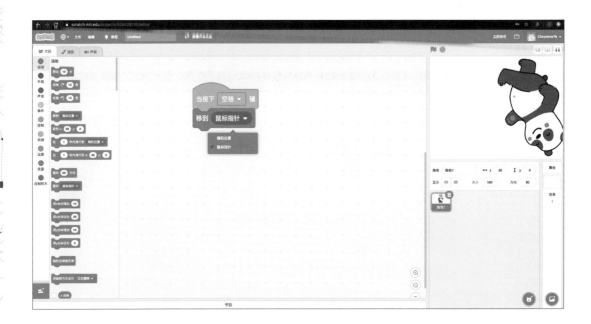

你可以用鼠标来更改某些积木里的设置。

这个脚本步骤如下：

- 当你按下空格键

- 移动熊猫到光标所在位置

空格键

你可以移动鼠标并多次按空格键来测试这个脚本。

黄色积木区：“事件”模块

请记住，如果你使用的是 Scratch 2.0 离线版，那么程序中的积木颜色稍有不同。在 Scratch 2.0 中，“事件”模块里的积木是棕色而不是黄色的。

黄色积木位于“事件”模块中，我们之前已经使用过其中几块了。当然，你完全有理由向我们提出疑问，为什么我们总是在使用之后才对积木进行解释。其实学习了编程之后，你会明白一个道理：在开始编程之前是无法解释全部事情的。所以我们学习编程最好的方法便是 learn by doing，也就是“边做边学”。用这样的方法，我们便总是在学习新事物的过程之中，一点一点地消除疑虑。我们会懂得越来越多，因为我们是通过一步步的实践来学习的。那些有着二十年编程经验的程序员依然在遵守这个基本原则，所以你也不用害怕，勇敢去做吧，即便有的东西你现在还不能百分之百理解它们。

在用 Scratch 编程时，**事件是指在你的电脑上发生的事情**，比如点击鼠标左键或敲击键盘上的某个键。那么能让 Scratch 明白并执行的“事件”如下：

– “当绿色小旗被点击” / *When *flag* clicked*. 这里指的是出现在 Scratch 界面顶部的一面旗帜。

– “当按下空格键” / *When space key pressed*. 它可以是空格键或键盘上的其他键。它非常适合用来创作键盘游戏，比如可以用它来控制角色在舞台上的移动。

– "当这个角色被点击" / *When this sprite is clicked.* 英语单词 this 指的是"这个",虽然看起来有些奇怪,但它在编程中经常被使用。英语单词 this 和你在任何时候对这个(角色)正在进行的操作相关联。例如,你正在用鼠标点击这个角色(比如我们正在操作的角色熊猫)。也许有些让人难以理解,稍后我们会在其他示例中再次进行解释。

– "当背景换成背景 1" / *When backdrop switches to backdrop1.* 当熊猫需要处于和预设背景不同的其他背景时,我们可以使用这个功能。比方说,当熊猫进入浴室,就可以让它说:"我在浴室里。"我们暂时还不会用到这个功能,但请记住它以便今后使用。

还有不少其他功能,因为涉及更复杂的程序脚本,我们之后再介绍它们。

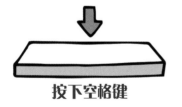

紫红色积木区："声音"模块

这个模块用来**播放声音**，相信你可以很快学会使用它。制作出各式各样的声音是一件很棒的事情，不过我要向你提一个小小的建议——请注意控制你的电脑音量，因为过大的音量可能会让你身边的人头疼不已，这可是我们的亲身经历。

你已经尝试进行了编程，现在试试如何编辑声音吧。请先找一个声音来听听看，观察它是否能正确播放。请注意，只需要调高**一点点**电脑音量。

如果想要通过在线编辑器播放声音，你可以从 Scratch 声音库中选择音频，或是自己亲自录制，当然你也可以从电脑里导入已有的声音文件。让我们从简单的开始吧。打开 Scratch 在线版 Scratch Online v3，从声音库中选择一个音频文件。下图是你需要执行的步骤。

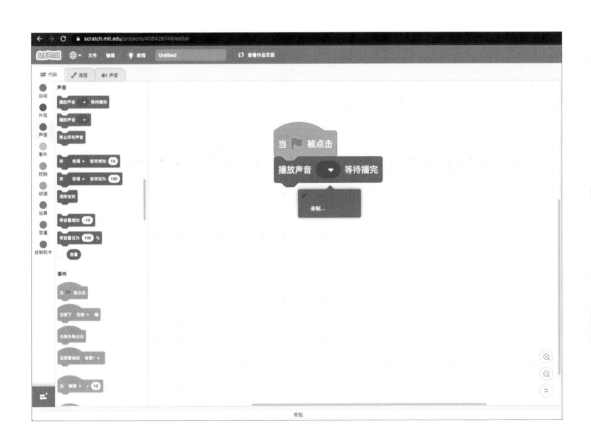

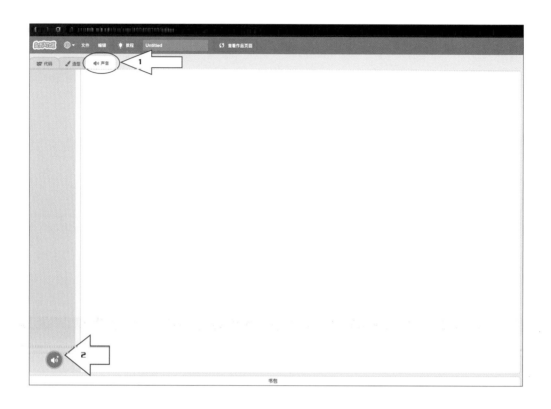

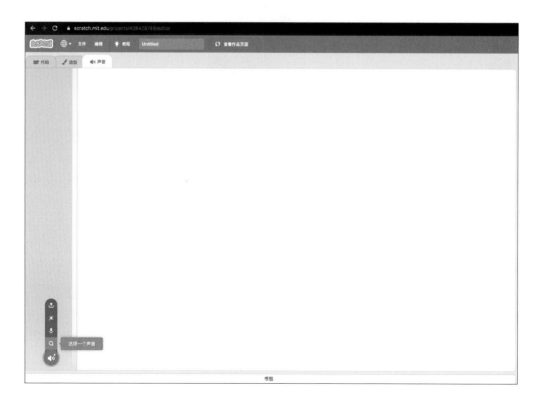

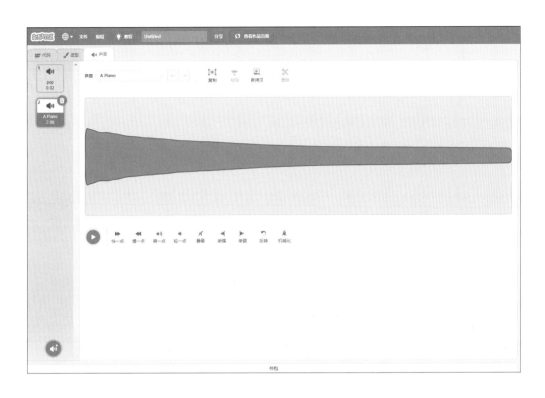

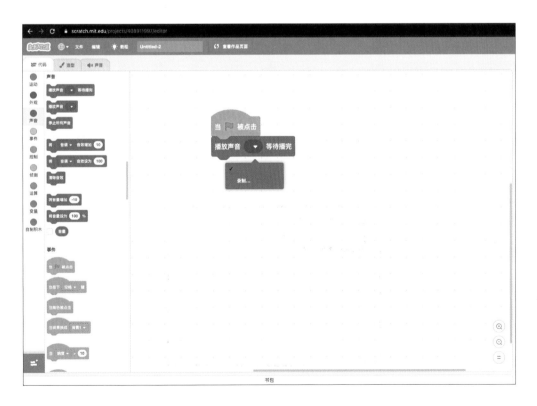

启动程序的方法是点击屏幕右侧上方的小绿旗按钮。当你点击它时，你会听到舞台上发出一个声音。如果你听不到任何声音，请尝试在脚本区放置一块"运动"积木，起码这样能让你看到这个脚本是在运行的。

针对只播放声音的脚本，为其添加一个运动指令，这是检测脚本是否能真正正常运转的绝佳办法。在计算机科学中，通过不同机制（视觉、声音、物理层面等）解决问题的方式被称为"调试"。"调试"在程序员日常生活中的地位可是超级无敌重要。

暗橙色积木区："变量"模块

这个区域用于存储变量，它对我们以后的编程非常重要。**变量相当于储存数值和文本的容器。**比方你可以通过创建以下变量来识别我们的熊猫：

以下这些变量能够用来辨别这只熊猫的身份，每个变量你都可以赋予它一个或另一个值：

我们必须为变量准确赋值。比如，熊猫的年龄不能是：MITIFU，因为 MITIFU 是一个名字而不是一个数字。因此，每个变量必须对应特定的值：

资　料

- 熊猫＿名字：该变量的赋值可以是字母和数字。
- 熊猫＿年龄：该变量的赋值只允许是数字。
- 熊猫＿颜色：该变量只允许存在以下选择：棕色、黄色、黑色、白色。当然也不允许使用 MITIFU，因为 MITIFU 不是一个有效的颜色名称。

后面涉及更复杂的脚本时，我们会使用变量。现在我们可以先试着创建一个变量，把它命名为 finGame 或 endGame（你可以取任何你喜欢的名字）。但是此时此刻我们还不打算使用它，要做的只是创建它。请注意，创建变量的时候你可以加入下划线或者干脆不加，这全凭你的喜好。

要创建变量，我们点击一下"建立一个变量"按钮，然后将其命名为"endGame"。接下来选择"适用于所有角色"，这个选项可以让该变量适用于我们创建的所有角色（当然现在我们仅有一只熊猫，以后我们还会创建其他角色）。要完成变量的创建，请点击"确定"。

目前我们还不会用到这个刚创建好的变量，但接下来当我们开始游戏创作时将会要使用它。

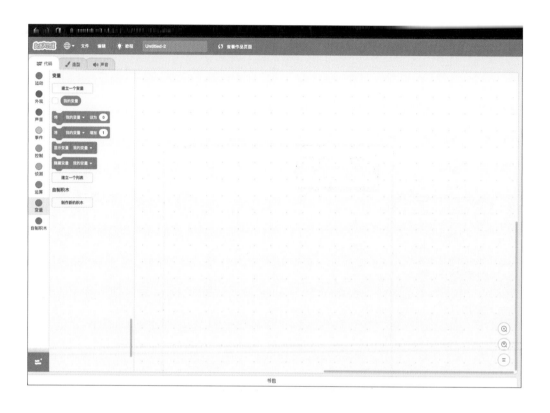

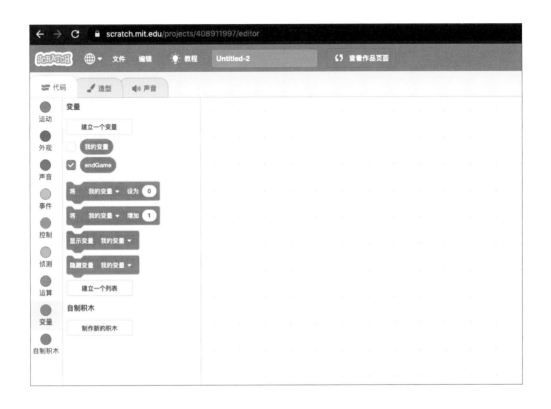

橙色积木区："控制"模块

脚本有个最基本的功能，即按照我们下达的指令让熊猫朝着一边或朝另外一边移动，当然这完全取决于我们发出了什么指令。假设我们要做一个平台游戏，那么"控制"模块的重要性就凸显了。在"控制"模块里，各个控制积木允许我们向熊猫发出指令，如命令它在何时接触某个平台，或者是否要撞到墙上，当然了，这样做是为了不让它撞进墙里，毕竟……我们不想让它受到伤害，对吗？

在这个模块里有一些积木块长得像"**三明治面包**"，这意味着你可以把其他积木嵌入其中，就像往三明治里夹午餐肉一样，详细说明请看下一页的图片。

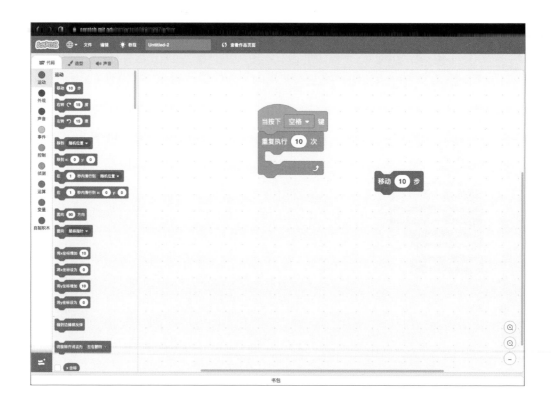

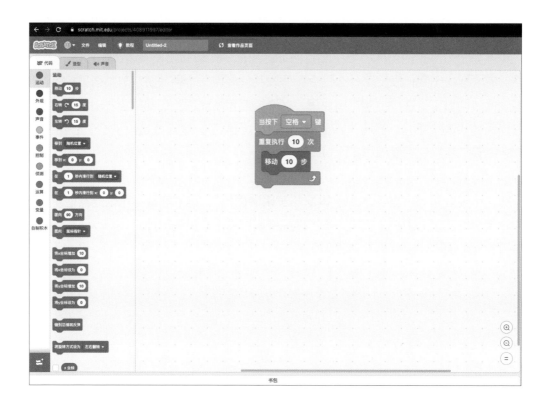

如你在上图中所见，我们在"事件"积木块下面放了一块"重复执行 10 次"的"控制"积木。有趣的是，在  这块积木中有一个开口，那么接下来我们要把"移动 10 步"这块"运动"积木嵌入到开口之中。请注意！务必保证让你的脚本和图片里看到的一模一样。

"重复执行" 积木里的 **"重复"** 就是英语里的 *loop*，可以翻译成 **"循环"**。它的功能是重复执行（比如 10 次）由你指定的循环次数。请仔细看前面的图，这个脚本代表的指令是："重复执行 10 次，移动 10 步"，也就是说，熊猫一共要走 100 步，因为 10 次 x 10 步 = 100 步。

接下来当你按下空格键执行这个脚本时，你会看到熊猫往右边前进了很长距离；如果你多按几次空格键，你会发现熊猫走出舞台了。为了让熊猫回到舞台中央，你要将 x **坐标** 的值设置为 0。x **坐标** 决定了熊猫在舞台中横轴上的位置，也就是说，要让熊猫朝前走或者是往后退，需要通过修改 x **坐标** 的值来实现。

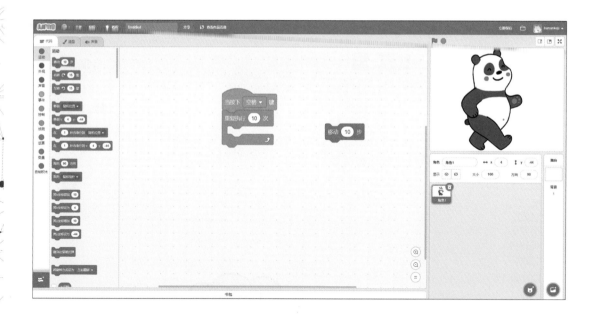

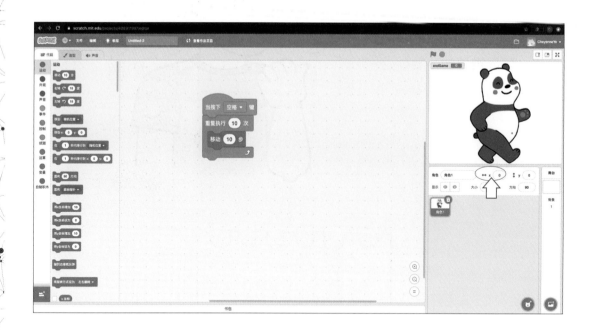

　　你看熊猫走出舞台右边了！这是因为我们还没有告诉它在碰到舞台边缘时反弹回来。但是我们已经知道如何让熊猫在碰到边缘时反弹了吧！你还记得哪块积木可以让熊猫反弹吗？给你一个提示吧：它位于"运动"积木区。那么让我们来设计一个脚本，保证熊猫无论从哪一边走到另一边都不会走出舞台。

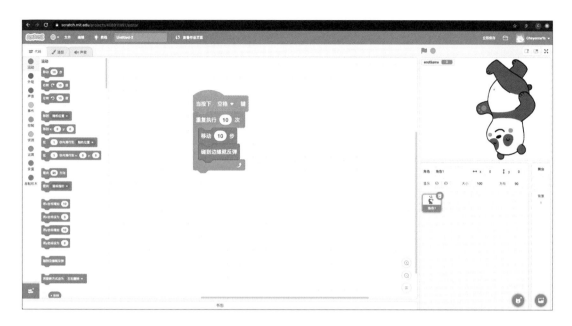

终于我们有了一个可以多次重复执行的脚本程序了，它也能控制不让熊猫走出我们的视线。想要实现这一切**最重要的是将 碰到边缘就反弹 积木嵌入到 重复执行 10 次 的积木之中**。因此，在运行这个循环的过程中，熊猫碰到了舞台边缘的话，就会翻转回来。接下来我们为你详细解释上述脚本中的每一块积木的作用。

> 哎呀，
> 倒挂着走，
> 头好疼啊……

按下空格键，重复执行 10 次这块积木中你所见到的指令

· （熊猫）移动 10 步
· 如果碰到边缘（最左侧或是最右侧）时，掉头回来

我们先暂时离开"控制"模块，但这个模块非常重要，对于"控制"模块，我们还将花费一些时间来学习它。

我的第一个复杂的小游戏

带有"**如果**"(英文为:*if*) 字样的积木非常重要，请先看以下示例，然后尝试编写出它的脚本（需要用到一个"侦测"模块里的积木）。如果你不知道如何处理它们，那么我们先和你讲解一下该如何摆放。

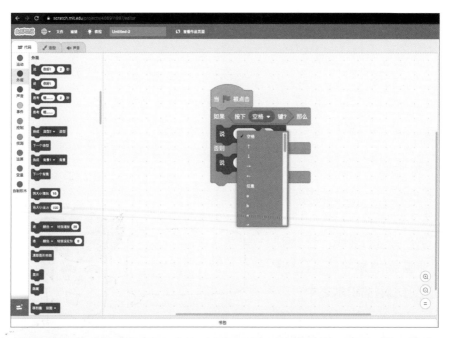

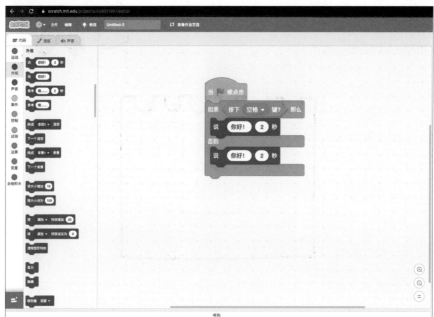

这个脚本较为复杂，我们分步骤来进行。

放置基础积木：我们首先放上那块有绿色小旗的积木，由它来决定如何开始游戏。

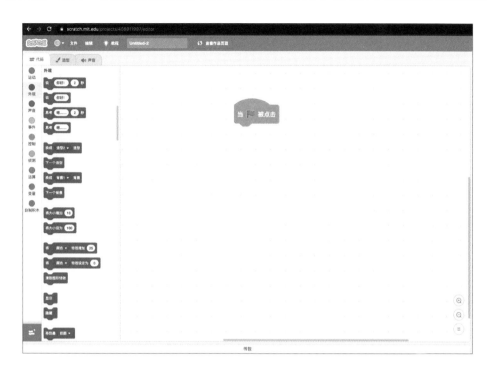

接着我们放上"如果…那么…否则…"这块积木以便设置条件。

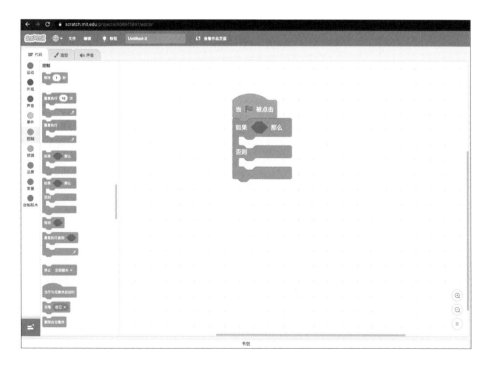

现在我们往"如果"积木的开口中嵌入一对"外观"模块里的条件积木，请确认好放置条件积木的位置。

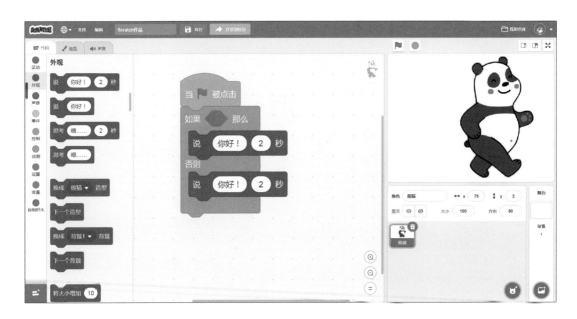

接下来我们**从"侦测"模块里选择一块条件积木嵌入到"如果"积木之中**。如果你是第一次练习这个步骤，也许会觉得有点奇怪，但是你会发现它做起来其实很简单：找到浅蓝色积木 按下 空格 键? ，将它拖动放至"如果"积木的凹槽之中，正如下图所示一样。

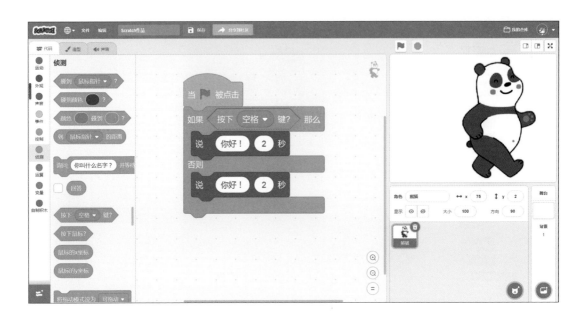

如果你发现你编写的脚本与图片中的不完全一致，不用担心，把它删除吧！在要删除的积木块上单击鼠标右键，点击"删除"就可以重新来过——当你在编程过程中出错了，最好撤销然后重做之前的步骤，而不是试图用其他方式来修改它。

现在，我们要修改积木的属性了，也就是说，我们必须在脚本区中的积木上点击不同的选项。首先，**打开浅蓝色积木的下拉菜单并选择"a"**，以此取代原有的"空格"。

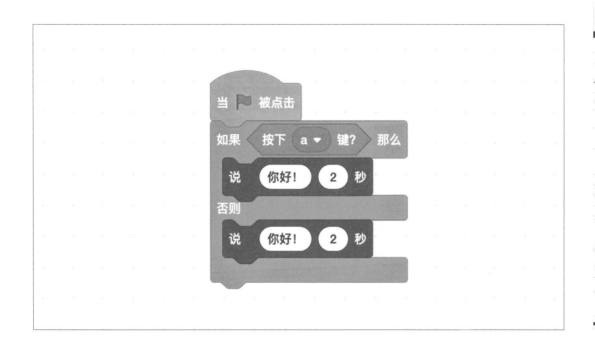

最后，**修改紫色积木中的文本**，请按下文所示顺序编辑每个文本：

第一个文本框里输入：你已经点击 a 键和绿旗

第二个文本框里输入：你已经点击绿旗但没有按下 a 键

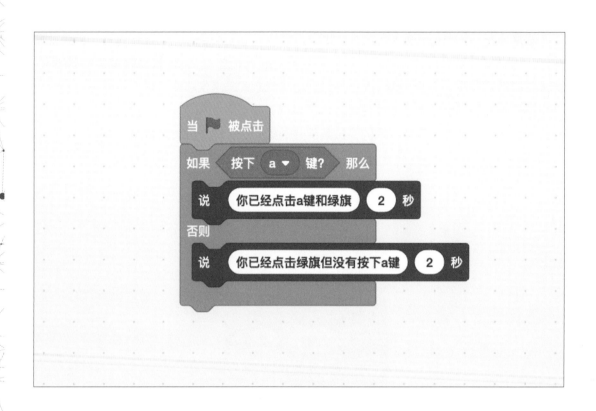

　　在写有"说"（say）字的这块积木中，根据你所看到的文本来修改积木的内容。你的脚本应该和上图中看到的一模一样。我们再来仔细看一下，按照如下方式解读该脚本：

- 当点击绿旗
- 如果按下 a 键那么
- 说"你已经点击绿旗和 a 键 2 秒"
- 如果没有（相反的情况，即没有 按下 a 键）
- 说"你只点击了绿旗"

要运行这个脚本，我们需要用鼠标点击绿旗，此时熊猫应该告诉我们："你只点击了绿旗"。但如果在点击绿旗之前我们按下 a 键，那么熊猫会说："你已经点击了绿旗和 a 键。"

以下是点击绿旗之后脚本运行时的样子。

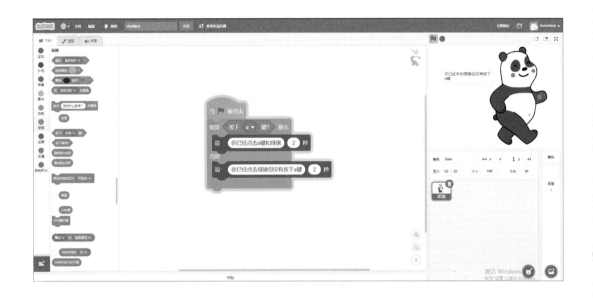

浅蓝色积木区："侦测"模块

"侦测"模块里的积木有两种不同的使用方式：作为"控制"模块的**条件积木**使用（比如嵌入"如果"积木中的那块），以及作为**单独的条件积木**使用。详见下一张图片。

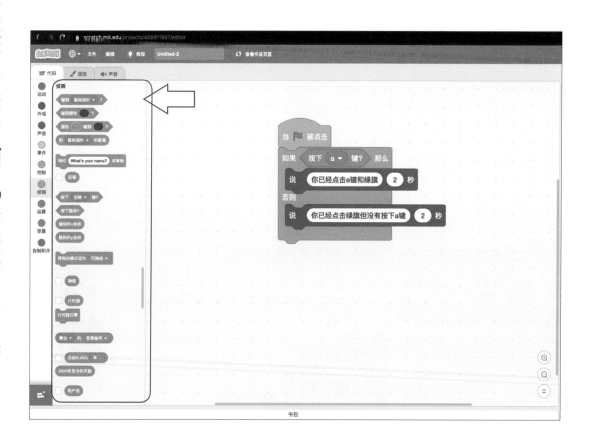

有些积木的边缘形状是
三角形，有的是半圆形，
剩下的则是 SCRATCH
积木块最常见的形状。

为什么积木块的形状不一样呢？有些积木是尖角的，有些又是圆角的，这是为何？因为不是每一块积木都能适用于任何一个地方，这有点像我们做菜时的用料，也就是说，有的积木块可以组合在一起，但有的就无法搭配。比如前面的"按下空格键"这块积木，它可以和"如果"积木一起使用，但我们无法各自单独使用它们。那么在接下来的练习中，我们将一点一点来了解哪些积木块是可以一起使用的，正如你所知：边做边学（*learn by doing*）。

绿色积木区："运算"模块

　　"运算"模块恐怕是所有模块中最特别的了，特别之处甚至超过了后面我们要说到的"变量"模块。不过现在你只需要知道"运算"模块是用来进行数学计算和文本操作的就可以了，例如计算一个单词有多少个字母，等等。虽然这看起来很难，但其实在编写脚本时我们使用的都是超级简单的算术，例如加法、减法这一类。

红色积木区："自制积木"模块

　　现在我们只是告诉你有这个模块的存在，在我们最开始的这些编程作品中还不需要用到它，所以你可以暂时不用关注这个模块。

"角色"和我的第二个复杂的小游戏

到现在为止，每当我们提起熊猫都把它叫做"图像"或是"玩偶"，但从此刻开始，我们要将它称为"角色"。角色是一个通用术语，是在我们的游戏中可做出动作的任意对象。

那么，从现在开始，熊猫是一个"角色"了。你不想使用熊猫吗？没关系，你还可以用奶牛、小狗或汽车，也可以用任何你喜欢的元素来创作角色。在 Scratch 编辑器中，已经提供了一个角色素材库给大家，你可以将素材库中的角色用于自己的作品。你还可以在其他的网页上下载你喜欢的角色，你能用它们在 Scratch 中创作**你的**角色了。你看，它们之中就有熊猫！

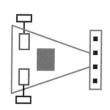

你还会发现一个名为 VeloEdu 的机器人图像，它像一辆跟着竖线走的小车。

如果要在 Scratch 中使用这个机器人图像，那么我们需要先**将它导入**，也就是说，要把这个机器人角色放到 Scratch 中来。接下来让我们告诉你该怎么做。首先，你找到界面右下方的熊猫角色（或是其他由你创建的角色），在它身上点击鼠标右键，选择"删除"（这将删除已有的角色和脚本），删除后屏幕上不再有熊猫的身影。

如你所见，这个部分是"角色列表"。现在你要在右下角"选择一个角色"菜单中找到"上传角色"的选项，点击它，然后找到要导入的角色所在的位置——比如你是从网上下载的角色，那么它很有可能位于电脑的"下载"文件夹中。

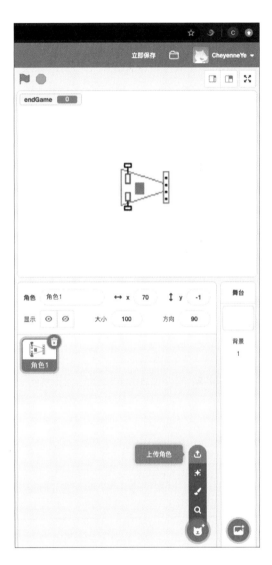

如上图所示，成功导入后你就可以在 Scratch 中看到它了，它应当出现在界面右上方。

然后，我们再把熊猫添加进来，这样做是为了证明在 Scratch 中可以同时有多个角色，并且每个角色都能拥有自己的脚本（Scratch 中每个角色都自带脚本）。如下图所示，你能同时看到两个角色；如果你在屏幕上无法同时看到它们，可能是因为导入时熊猫遮住了小车，你可以用鼠标把熊猫移到旁边。

熊猫看起来太大了，我们把它变小一点吧。找到"角色"区域中的"大小"选项，将其参数值设为 50，取代之前的数值 100，那么更改后熊猫的体积就会缩小一半。

准备好了！为了能让新角色在舞台上活动起来，你可以开始放置积木进行脚本编写了。每个角色都有属于它自己的脚本区，也就是说，如果你想要移动熊猫，并且让它和小车做出一样的动作，那么你就得重新编写一次脚本。不过你也可以把属于一个角色的脚本（积木块）拖放到另一个角色身上（我知道这听起来有点奇怪，但它在 Scratch 3.0 这个版本之中可以行得通）。

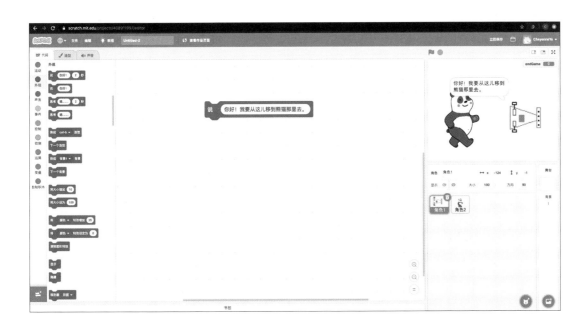

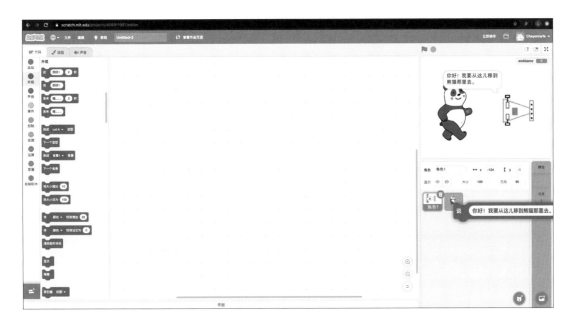

　　为了加强练习，我们要在小车这个角色上重现熊猫的脚本，好让小车也能在舞台两边来回移动。在操作之前删除我们添加的熊猫（请记住：编写脚本时，组织结构很重要）。好了，让我们来告诉你该如何让这只可怜的熊猫消失吧。

　　在角色列表的熊猫身上点击鼠标右键，然后点"删除"。一旦删除，舞台上就只剩下小车了。让我们继续为小车编写运动脚本。就像我们之前对熊猫做的一样，让小车可以碰到边缘就"反弹"。我们其实可以保存之前用过的代码，但还是动动脑筋重新来编写吧！你还记得怎么做吗？我们需要哪些积木让角色移动呢？请在脑海里回想一下。

　　— 记得吗？我们需要用某种方式来启动程序。（"事件"积木）

　　— 记得吗？我们要用到一块蓝色的"运动"积木。（"运动"积木）

　　— 记得吗？我们要用到另一块蓝色的"运动"积木来做出"反弹"这个动作。（"运动"积木）

　　— 记得吗？如果你想要小车进行多次移动，你需要一个循环，可以重复执行的动作。（"控制"积木）

　　怎么样？记起来了吗？你有没有按步骤来操作呢？编程中很重要的一点是不要忘记学会了的东西。要做到这一点你需要不断地练习。

下面这个编写好的脚本可以回答前面提出的问题，当然，你也可以用另外一种方式来编写这个脚本。

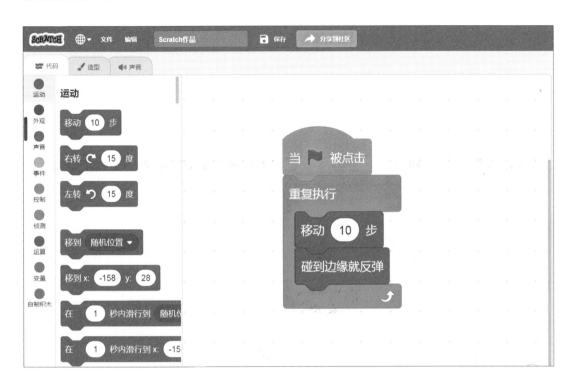

请注意，在运行这个脚本时，小车不会"头朝下"，也就是说，这辆小车翻转后，它仍然是"正立"的，因为它是对称形，因此不会倒立过来。

点击绿色小旗来运行这个脚本吧（就像我们到目前为止看到的一样），但与之前的脚本不同，除非你点击它旁边的红色按钮，不然这个脚本不会停止运行。你觉得这个脚本会让小车做什么呢？它能让小车从一边移动到另一边并反弹回来。

当脚本运行时，积木构成的脚本文件就会闪烁，如下图所示：

你看到了吗？小车不停地从一边移动到另一边并反弹回来。好了，我们已经在 Scratch 中创建了我们的第一个角色，并且做出了第一个具有一定连贯性的动画。那让我们提高一点难度，做些更酷的游戏如何？

造型和舞台背景

如果角色是编程的基本要素，那么"造型"则**负责角色视觉上的变化**，好让角色呈现出不同的样子。比方说，你可以选择熊猫作角色，然后为它做一个"造型"：让熊猫戴着眼镜出场，又或者张开手臂。

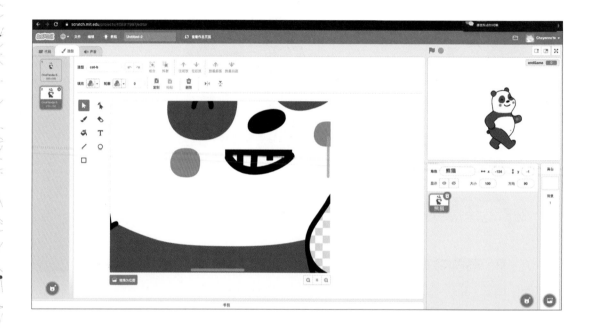

Scratch 中的"造型"功能用途广泛，比如你想让一个火箭点火并且慢慢改变喷火的方向，或是让树随风摆动，这时"造型"功能将大有用处。

我们让熊猫的嘴巴可以开合吧。请记得编写这个脚本之前先刷新页面来重启，让一切从头开始。接下来我们删除 Scratch 中的默认角色小猫，导入熊猫图像（当然，你也可以继续使用小猫）。

接下来，我们来为熊猫打造我们想要的造型——点开"造型"标签页，把光标移到左上角的小小熊猫图像上，然后点击"复制"选项。下图是操作步骤：

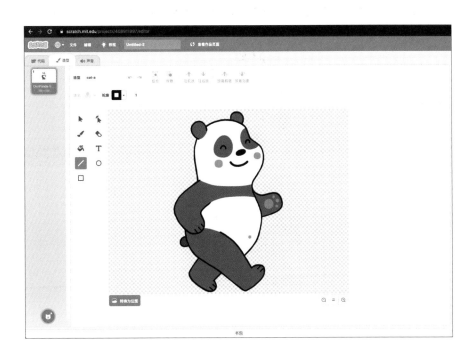

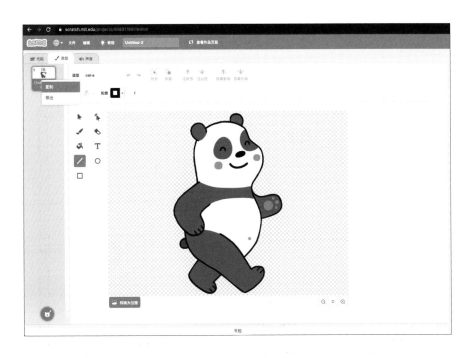

复制后的两个角色是一模一样的，那么我们需要改变第二个角色的造型，好让它和第一个角色区分开来。比如，你可以让它微笑。

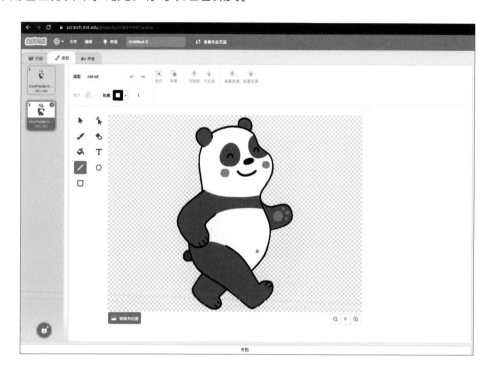

接下来你将要尝试编写新的脚本，请按照下图所示来进行操作：

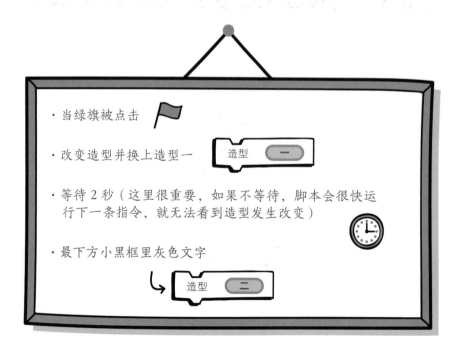

- 当绿旗被点击
- 改变造型并换上造型一
- 等待 2 秒（这里很重要，如果不等待，脚本会很快运行下一条指令，就无法看到造型发生改变）
- 最下方小黑框里灰色文字

我们还可以让熊猫进行移动，只需向脚本添加"移动 10 步"积木就可以了。自己试着做一下吧！

　　如果你多次点击绿旗来运行这个脚本，你会看到熊猫除了在移动，它嘴唇的位置也在变化，这会让人觉得我们的熊猫嘴巴在动。虽然并非像大型游戏里的角色一样逼真，但每一个小小的进步都是了不起的一大步。所以，享受此刻的小成就吧！

　　要怎么做才能让熊猫在说话的同时不停地移动呢？并且还要让它到达舞台边缘时反弹回来？如果你认为自己能够编写出这个脚本了，可以在我们准备好的脚本上尝试进行下一步编写。如果你觉得这个脚本很难，那么接着往下看吧，下一章我们会告诉你如何一步一步拓展我们的脚本。

　　对了，恭喜你！你已经是一名计算机程序员了！

动画

现在，我们将要把学到的知识运用起来，你会发现自己已经可以做出不少令人赞叹的作品了。虽然看起来我们还不能创作出非常酷炫的游戏，但其实我们很接近了，我们已经掌握了成功实现这个目标的所有基本要素。让我们总结一下目前你所学到的一切！

– 将默认的小猫角色替换为另一个角色（熊猫）。

– 控制熊猫的位置。

– 通过键盘或鼠标来移动我们的熊猫。

– 改变熊猫的造型。

– 播放声音。

– 给定条件并设置循环，重复执行动作。

你还不是编程之神，但是你已经知道得**非常非常多**了！

背景动画

现在，让我们利用背景功能进行一些更复杂的脚本编写，如动画电影。

你有没有想过动画片是怎么做出来的呢？你肯定思考过这个问题。一个动作是通过很多独立图像的结合才得以实现的，我们需要将这些图像放在一起组成快速播放的序列。用 Scratch 可以达到同样的效果——利用背景和造型的各种功能让一幅图动起来。

请注意接下来的背景图。

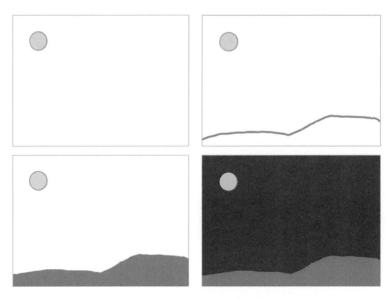

这是同一个角色所处的不同背景图，我们先进行以下操作：

1. 首先，我们按 F5 键从头开始编程。
2. 然后，点击"删除"，将小猫角色从舞台上删除。
3. 接下来，我们为舞台导入新的背景（见右下方），要导入全部图像。

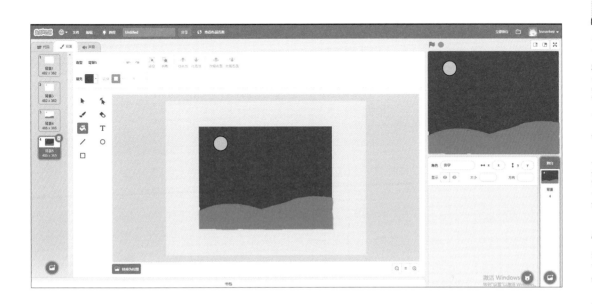

　　你可以用我们提供的图像来做，也可以重新绘制图像，也就是说，不是非得使用我们提供的素材，你可以亲手绘制你喜欢的背景图。比如说，你可以画一个黄色的圆圈来代表太阳。当你画完太阳后，在背景 1 中点击鼠标右键，然后点击"复制"。这一步会使你有了和前面一模一样的背景，然后你再对它进行修改，用绘图工具添加另一个元素，比如：一片沙滩或是一棵树。

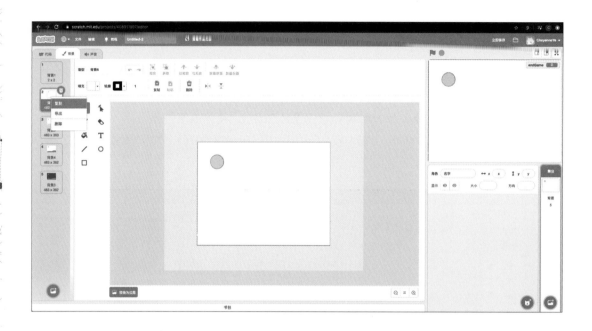

我们在太阳周围还画了几缕光线。因此，我们可以做一个动画，它拥有两个背景，然后直接运行测试这个脚本。当然，由你来决定你想要的背景数量，并在每个新的背景中逐渐添加各种元素，比如，为太阳画上光线。

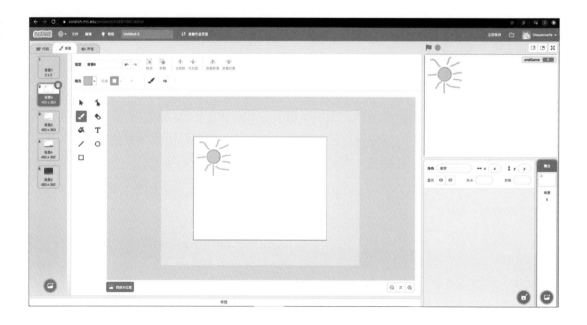

如果你一鼓作气创作了许多背景，最终你会拥有和下图相同或类似的背景图，这样和你从电脑硬盘里上传背景的效果是差不多的。

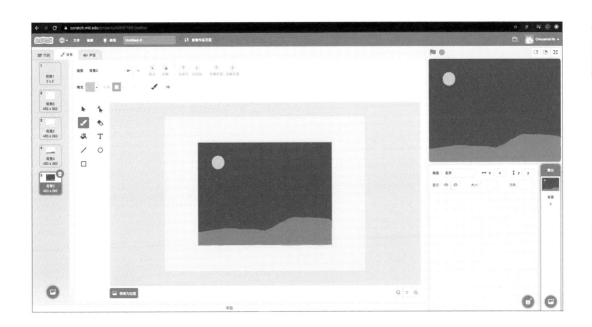

别紧张，无论多么稀奇古怪，请画下任何你能想象出来的东西吧。最重要的是你要一步一步来复制背景，这样才能保证添加的新背景和前面的具有相同属性，这可是做出动画效果的关键所在。

现在**我们要做的只剩下编写脚本了**，这对你来说轻而易举，因为前面我们已经编写好了为熊猫更换造型的脚本。那么，我们将用到和前面积木相似的一块积木，"换成 __ 背景"积木块为我们一步步展示已经做好了的舞台背景，这个展示将随着每行代码的执行来一点一点实现。下面是这个过程的脚本。

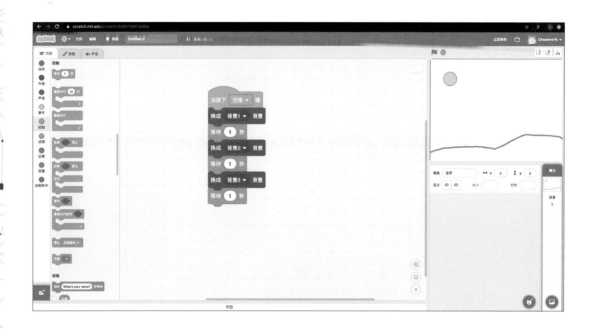

你创作了多少个背景，就需要放置相应数目上减一个的"换成 __ 背景"积木，这就是说，假如你创建了 5 个背景，你就得放置 4 块"换成 __ 背景"积木，因为程序开始运行时便会使用第一个背景，之后你只需要更换 4 次背景。

现在你已经知道如何制作属于你的动画了！那么现在我们来制作一个动画场景，把它当成我们舞台的背景（*background*），当然你也可以创作其他的动画场景，比如：发生爆炸、植物在生长、被剥开的鸡蛋……这其中有无限种可能，你甚至可以打造属于你自己的互动型动画片！

让角色动起来的造型

目前我们已经更换了背景，希望我们的游戏能变得非常酷炫！那么接下来对于游戏中出现的角色，我们尝试一下为它们制作动画吧。你准备好了吗？

首先要明确的是，做出逼真的运动效果是一件非常难的事情。只有在极大的热爱和专注下创作出来的图像，并把它们按序列排好后播放时才会呈现出流畅的动态效果，从而达到我们所说的"看上去栩栩如生"。所以，为了让你能更好地学会编程，我们会利用一些已经做好的图像来演示如何打开一个鸡蛋。

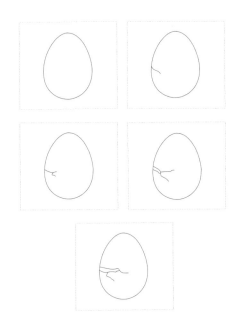

这几张图看似一样，但其实每张图都和其他几张有区别：鸡蛋上有道逐渐蔓延开来的裂缝，就像小鸡即将孵化出壳时一样。你瞧，一只小鸡"叽叽"叫着出壳了。真可爱！如果事先构思好，这个角色也可以是一只扛着热核大炮的机械恐龙。

要将这枚鸡蛋导入到 Scratch 里的话，你需要重复上一个练习里的步骤。但这次你不用重新创作造型，只需要导入已有的图像，也就是说，从图像所在的电脑文件夹中选中它们然后上传。

下面这些步骤可以为你提供充分的帮助，但你最好能自己练习所有的步骤，好吗？

1. 按 F5 刷新页面，新建 Scratch 项目。
2. 点击"上传角色"，选择第一幅图像并把它添加到 Scratch 中，这将创建一个完好无损的鸡蛋角色。
3. 点击这枚蛋，然后点击"造型"标签页。
4. 点击"上传造型"选项，将鸡蛋相关的其他图像都添加进来，如此，这枚鸡蛋便有了不同的造型。

做完这些之后你的界面必须看起来和下图所示的一样。

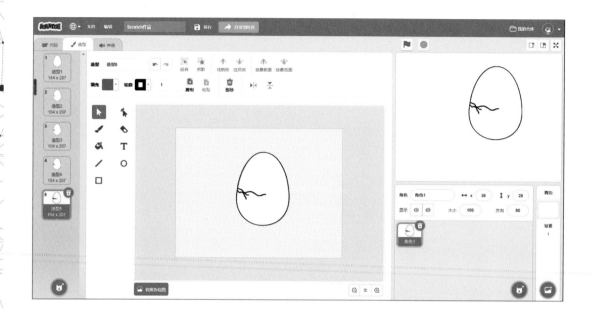

现在，我们还有一件最有趣的事没做——编写能够演示这枚鸡蛋发生变化的脚本。我们将按照前面绘制太阳背景的那些步骤来做，如此我们便能一点点改变鸡蛋的造型。首先，请你尝试自己来编写脚本。如果你编写成功，你会看到在脚本运行过程中，这枚蛋一点一点地裂开。试着改变一下不同背景图像之间的切换时间，看看会发生什么，这样编程是不是很有趣呢？

我们已经完成了动画编程。现在，让我们继续了解"控制"模式，它能让我们制作互动游戏。

挑战：尝试用绘图程序画出鸡蛋的裂口，让鸡蛋的上半部分朝上方移动，接着从鸡蛋里冒出一个小脑袋——是你喜欢的小鸡。

角色控制

如果你玩过电脑游戏，你应该知道 W、A、S、D 这几个字母键非常重要。在以前的游戏中，通常会用这些字母键来控制角色的移动，现在仍然还有一些游戏会用到它们：

– 字母 A 控制角色向左移动。
– 字母 D 控制角色向右移动。
– 字母 S 控制角色向下移动。
– 字母 W 控制角色向上移动。

让我们写一个脚本吧，好让熊猫按照下面的方式在舞台上活动：当我们按字母"A"时，熊猫向左移动；按字母"D"，熊猫向右移动；按"S"熊猫向下移动，按"W"熊猫则向上移动。如同之前做过的一样，我们分步骤来进行。

1. 按 F5 键刷新页面，创建新项目。
2. 删除 Scratch 中的默认小猫角色，接着像之前一样添加熊猫角色。
3. 编写以下脚本。

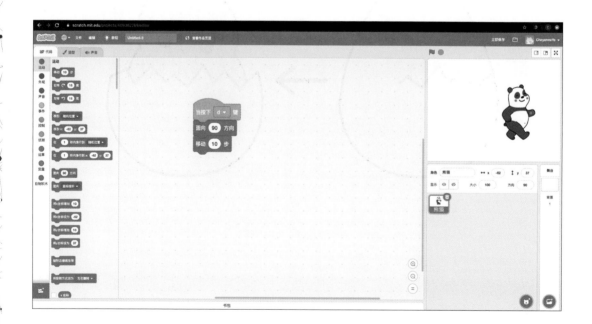

我们看看这个脚本包括哪些步骤：

– 当按下字母"D"键时。

– 面向右侧（Scratch 中朝右的设定数值为 90）。

– 移动 10 步（这不是真正的步伐，而是指像素值，不过在 Scratch 中，我们把它称为"步"）。

现在，你可以按下键盘上的字母"D"了，按下后熊猫应该朝右移动。

为了让熊猫也能向左移动，我们要添加我们想控制的第二个"事件"，准确地说，这个"事件"是指点击键盘。因此，你需要添加在下图中看到的积木。

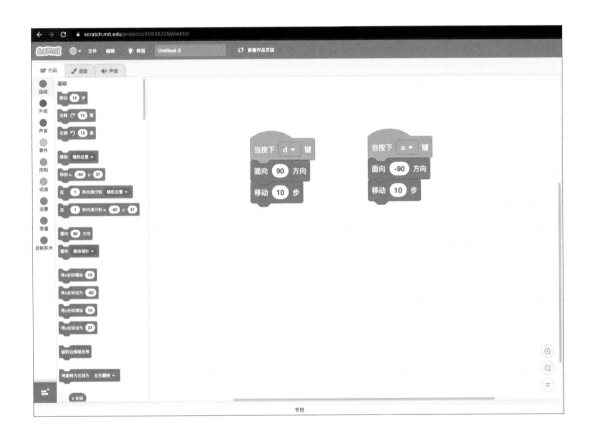

你有没有试一试这个脚本呢？很可能会发生一件让人不那么愉快的事情：熊猫在围着自己转圈，还倒过来头朝下了！不好，这样一点也不酷！但你还是希望它能一直面朝右边移动，对吗？当然了，我们也不想让它头朝下倒挂着走路。这儿告诉你一个可以检查脚本的小窍门，它能让脚本更好地执行我们的指令。

请注意看下面这张图:

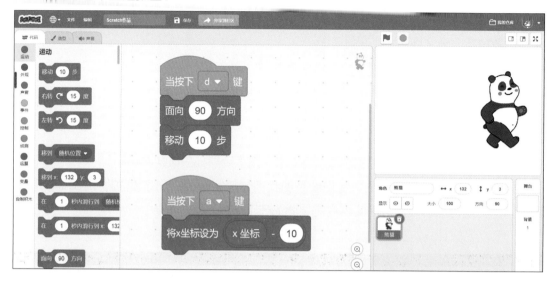

首先把你在图中看到的积木块分开摆放:

- 绿色积木,中间有一个"-(负号)"符号。
- 蓝色积木,上面写着"x坐标"。

我们要用这些积木对 Scratch 说:**"嘿,Scratch,当有人按下字母'A'时,熊猫要从它现在的位置往后退 10 步。"**

我知道这看起来很奇怪,但相信你能通过我们的图片来更好地理解它。

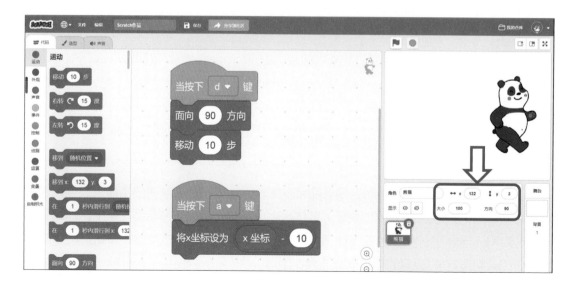

你看到前面那张图片上的 X 和 Y 了吗？字母 X 和 Y 的数值可以让你知道熊猫的位置。当熊猫从左边移动到右边时，X 的数值会一点点增加；而当熊猫从右边移动到左边时，X 的数值会随之减小。

那么在上图中有一个积木块的组合，即积木"x 坐标"与积木"-10"组合在一起，你认为它们组合在一起会发生什么？

请注意：你必须这样来阅读这条指令：熊猫坐标减 10。

好，现在我们先来解释一下。请你想象此时熊猫的坐标参数值是 40，通过和坐标减 10 的积木组合，我们将得到参数值 30，也就是说，熊猫将往舞台左边移动。

现在我们还要告诉 Scratch，我们希望将这个新的参数值分配给 X 做它的数值，这样 X 的新坐标值等于 -10。

初看起来可能有些奇怪，但随着时间的推移，你会适应的。接着往下看吧，你会懂得越来越多的。

什么是赋值？

我们刚刚所做的，即给熊猫指定一个位置，要比默认位置偏左一些，这个操作就是"对变量赋予新值"。

这里所说的**变量**是熊猫的位置，它的**值**是指：每次我们按"A"键，它都会被赋予一个比 X 更小的数值，请看下面的内容：

熊猫的X坐标（水平）= 80
熊猫的X坐标（水平）=熊猫的X坐标（水平）- 10

第二行文字看上去很难理解，所以你要耐心一些。它想告诉我们什么呢？请理解以下指令：

"无论熊猫的位置在哪里，我们都要让它的坐标数值等于该值减 10 的数值。"

也就是说，熊猫新的坐标数值为 70。

可能你还是会觉得这一切有点奇怪，那么让我们编写一个脚本，演示一下它是如何让熊猫从"x 坐标 = 0"移动到"x 坐标 =100"。

我们知道你肯定在想："哇，这个脚本真的很复杂！"别担心，我们慢慢解释，让你能弄懂它。首先我们把所有积木分开摆放，然后再将它们组合到一起。

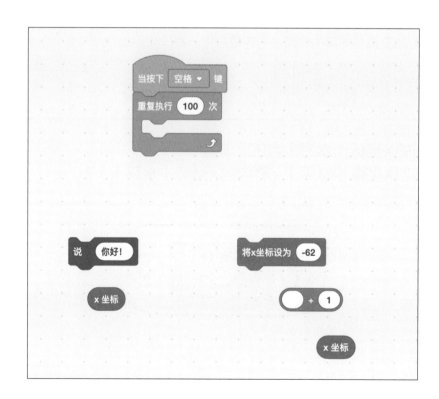

正确"组合"积木**非常重要**！你必须按照下面的顺序来做：

1. 将写有"x 坐标"的积木块拖动到绿色积木左边的凹槽内。

2. 将带有"+"这个符号的绿色积木拖动到"将 x 坐标设为"积木块的圆形凹槽内。

3. 将另一块尚未使用的"x 坐标"积木拖动到"说"积木的凹槽内。

4. 将"说"积木和"将 x 坐标设为"积木放入代表循环的积木块之中，即放入"重复执行"积木的开口中，这样可以让熊猫位置变化的次数与我们在"重复执行"积木中指定的次数（100 次）相同。这一步很重要！

5. 将组合好的"重复执行"积木组放至"当按下空格键"积木之下并与之贴合。这是最后一步，你要保证这个脚本和我们一开始展示的完整脚本相同。

当你按下空格键运行这个脚本时，你会看到你的熊猫一边移动一边说出它的坐标位置。

熊猫所说的数字就是它在 X 轴的坐标参数，也就是它的水平位置。当然你也可以改变垂直方向的坐标参数来让熊猫上升或下降。

挑战一下：请你创建一个十分简单的、有楼梯的舞台（有一两节台阶就够了）。然后试着让熊猫走上楼梯：要想实现这个动作，你必须修改x和y的数值。祝你好运！

恶狠狠的狼和"侦测"模块

浅蓝色积木所在的位置是"侦测"模块，它们用来帮助我们制作互动游戏。到现在为止，我们已经学会如何控制熊猫了，为了让游戏变得更加引人入胜，让我们为熊猫找个敌人吧，看，我们选择了一只看上去恶狠狠的狼（好吧，它也许并没有那么凶），这只狼想要捕猎熊猫。你觉得这个设定如何呢？啊，别忘了有条件限制：如果我们的狼在移动过程中撞到了熊猫，那就意味着熊猫失去生命，游戏到此结束。

是不是很凶呢？

随着学习的不断深入，你对编程也懂得越来越多。当然，我们依旧会为你提供一定的指导，只是不用再那么详细了。你注意到了吗？我们对你如此有信心，相信你能一点点消化吸收所学的知识，然后试着写出下面这个脚本。

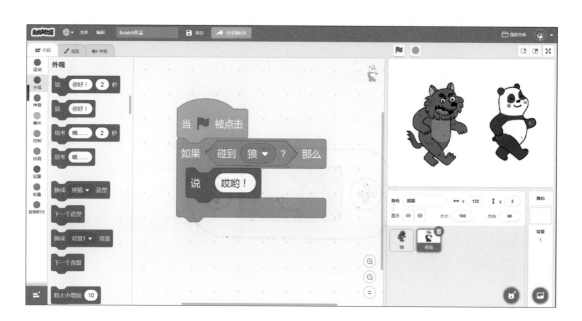

那么，以防万一，我们为你提供以下内容作参考：

1. 按下 F5 键刷新浏览器，清除掉所有的内容（请先保存你想要留下的内容）。
2. 创建一个新的空白项目，从硬盘中上传恶狼和熊猫的图像。
3. 在"角色"区域选中熊猫，并用屏幕上你看到的积木块进行编程：
– 一块带有绿色小旗的黄色积木
– 一块橙色有"如果"字样的积木
– 将一块浅蓝色有"碰到"字样的积木设为"如果"这块积木的条件，然后选中狼这个角色。
– 将一块紫色有"说"字样的积木嵌入"如果"积木之中，写下你想说的话。

脚本一旦编写完成，就运行起来吧！它有趣的地方在于点击绿色小旗的时候，看熊猫是否在狼的上面，对此熊猫会说:"哎哟"或者不这么说。

这个脚本对于创作**"躲避狼"的游戏**来说非常实用。在"躲避狼"的游戏里，我们的熊猫如果碰到了狼，它就会输掉游戏。

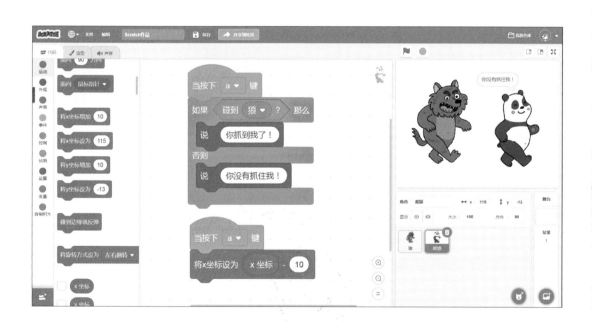

我们的游戏名是:"躲避狼"

前面的游戏中我们要做的是按下"A"键来让熊猫移动。所以我们还要检查一下，看看当我们按下"A"键时熊猫是否会撞到恶狠狠的狼，如果撞到了，熊猫就要说：**"你抓到我了！"**

可能你查看这个脚本后会觉得它还有所欠缺，因为它无法让你同时控制狼的行动，只有熊猫才能撞向狼。那么之后我们会想办法让狼也活动起来，设想场景如下：狼追击熊猫，熊猫逃跑。

运动与碰撞

现在总算把之前所学的东西派上用场了，我们能创作一个真正好玩的游戏了。这个游戏的机制是：由玩家控制熊猫，与此同时，狼单独在屏幕上移动；如果移动过程中熊猫突然撞到了狼，这一局游戏就结束了。

这种类型的游戏都很复杂，但你也不用担心，我们会继续帮助你。

游戏脚本分为**三个主要部分**，对此我们先只进行简短说明，之后再详细解释它们的原理。

1. 让恶狠狠的狼从左向右移动并在碰到边缘时反弹回来。
2. 用键盘控制熊猫移动。
3. 如果侦测传感器检测到熊猫撞上了狼，那我们就输了。

之前我们已经编写了让熊猫朝左移动的脚本，那现在我们来看看这只恶狠狠的狼，得想办法让它不断地在屏幕上移动。首先请确认你已经在用户界面下方选中了这只狼，这样脚本区会回到空白状态，然后我们对狼的动作进行编程。

请注意，我们还在角色列表区改变了两个角色的"大小"数值，缩减它们的体积，让它们更难相撞。我们还可以把熊猫放到一旁，然后观看这只恶狠狠的狼如何不停地从一边移动到另外一边。

请试着不借助任何帮助来解读这个脚本。你能说出每行指令是用来做什么的吗？

- 当绿色小旗被点击。
- 重复执行（*forever*）。
- 如果方向（狼面朝的方向）是 −90（向左）。
- 那么改变 X 坐标的参数值设为 −2（让狼向左边移动一点距离）。
- 否则（如果它面朝右边）。
- 改变 X 坐标的参数值，设为 +2（让狼向右边移动一点）。
- 最后，如果到了舞台的边缘，碰到边缘反弹，转身回来。

运行这个脚本时，你应该会看到狼从舞台的一边移动到另外一边，如图中所展示的一样。

现在我们要对熊猫进行操作了。之前我们只能用"A"键把熊猫移到左边，现在我们希望它能够朝四个方向移动来躲避那只恶狠狠的狼。请确认你已经在"角色列表"区选中熊猫，这样才能查看前面已经编写好的脚本，即用"A"键控制熊猫移动。

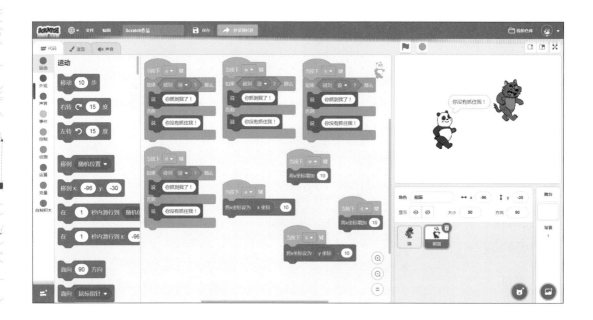

你看到的这个脚本是用键盘上的按键来控制熊猫移动。如果按"D"键，熊猫应该向右走；如果按"W"键，它应该往上走。基本上，这个脚本允许你在舞台上四处移动熊猫。请注意脚本上半部分的代码，当熊猫撞到狼身上时，熊猫会说："你抓到我了！"这种情况是控制熊猫的玩家要尽量避免的。

现在只剩下"感知"部分了，即熊猫和狼相撞时，脚本代码发出指令让游戏结束。

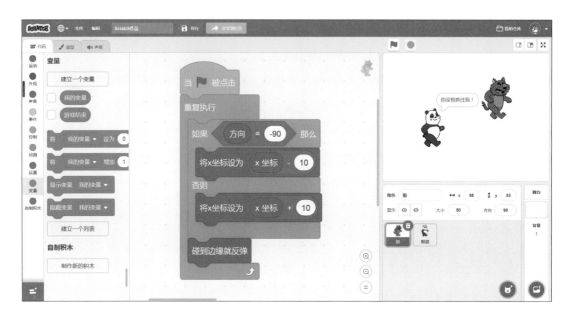

到目前为止，在我们编写的脚本中，即便动物发生了碰撞，脚本也不会停止运行，所以我们需要一个变量来控制游戏让其结束，这种变量叫做控制变量。按照上一张屏幕截图里展示的内容来操作：通过"变量"模块创建一个变量，动物发生碰撞时的变量值，我们将其设为1，接下来我们只需要给狼下达命令，让它在游戏结束时必须停止移动。

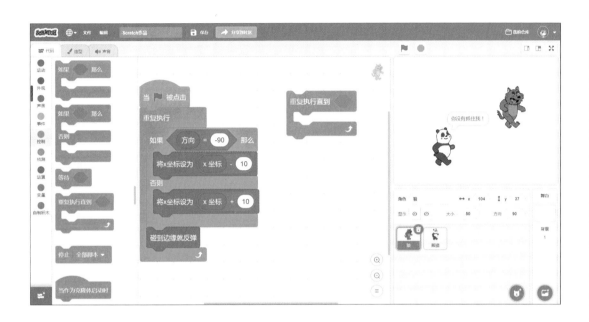

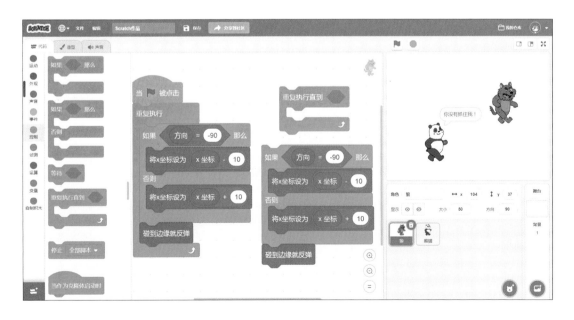

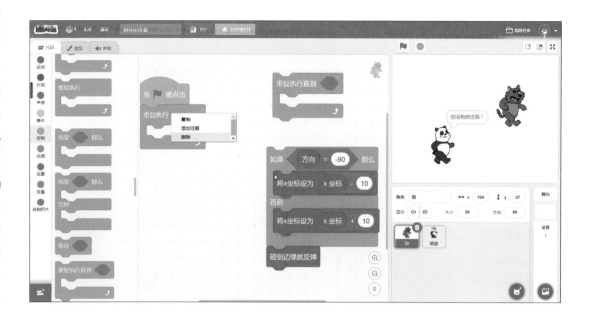

我们把"重复执行"积木换成"重复执行直到"积木，这样我们可以对循环设定一个让它停止的条件，也就是说，我们可以告诉狼："嘿，当你抓住熊猫，你就可以停止移动了。"狼的脚本最后应该如下图所示：

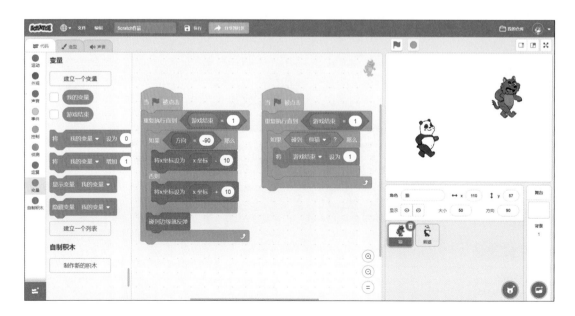

当你点击绿色小旗时，狼应该要开始移动，因为变量"游戏结束"的值为零，如下图所示。

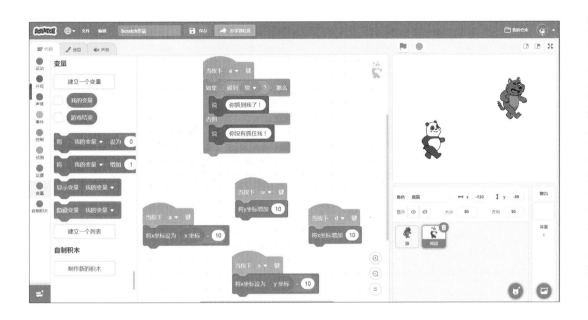

如果你把熊猫放到狼的移动路线上，你会看到狼停下来了，因为游戏结束了；如果你想重新玩，你必须把熊猫和狼分开，然后用鼠标点击"将游戏结束设为 0"。

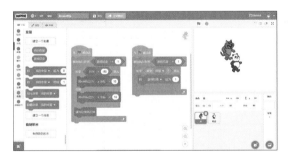

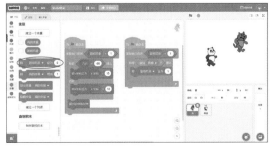

多场景游戏

尽管还有很多东西要学，现在的你已经可以创作出一些很酷的游戏了，比方说多场景游戏。在这类游戏中，我们的熊猫走到舞台边缘，然后场景就会自动切换。你可以想象一下：熊猫走在大街上，接着走进一间屋子，参考下图中的场景。

上图中你看到的代表两个不同的背景（*background*），比如当熊猫处于舞台边缘时，它的背景会自动切换为另一个背景，这种情况下我们会要用到这两个背景。

让我们创建一个新的空白项目。那么，当熊猫走到了舞台边缘，你认为需要什么样的脚本来切换背景呢？当背景改变了之后，你能说出来我们该如何让熊猫走向舞台的另一边吗？我们一步一步来做吧。

添加新的背景时，Scratch 允许你上传电脑中已有的图片，当然首先你得使用绘图工具把它们画出来。

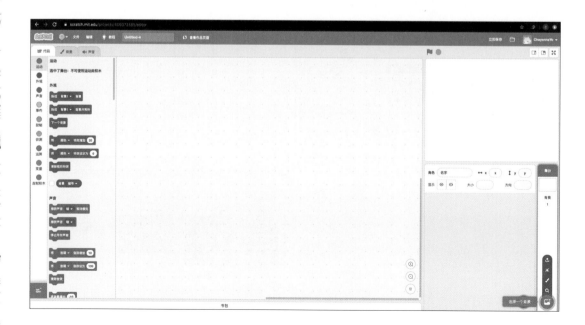

接下来我们将**添加背景**，从电脑里逐个上传。我们最终的脚本将是这样：当熊猫走到舞台边缘时，它的背景会自动切换，同时熊猫的位置也随之自动改变，然后熊猫将位于舞台左侧，这也是为了模拟场景的变化。

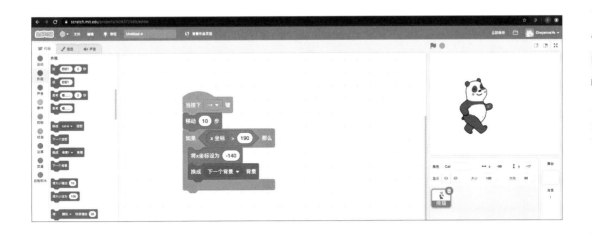

我们来逐行查看这个脚本：

– 当按下键盘的向右方向键时。

– 熊猫移动 10 步。

– 如果 X 坐标（水平坐标）大于 190（舞台右侧边缘），那么……

– 将熊猫移动到坐标位置：X = −140 Y = 0（舞台左侧）。

– 将背景更改为背景 2。

有了这个脚本，你就可以在熊猫向右移动时改变背景。现在，让我们看看能否让熊猫在舞台左边出现，首先我们再次恢复初始屏幕。

我们这么做可能又会让角色旋转 180 度，不过你也知道，让熊猫头朝下颠倒过来走路是我们很不希望看到的，我们不愿熊猫被如此对待。所以我们要组合之前学会的脚本，好让熊猫正常地走向左边。那么现在看看怎样的脚本可以让熊猫往左边移动呢？

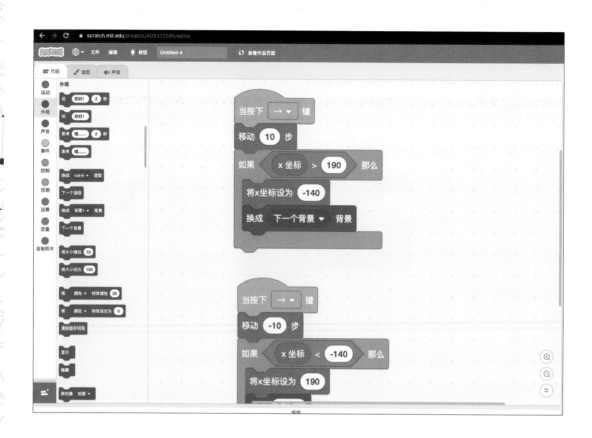

有了这个脚本，当我们让熊猫左右移动，会看到背景随之改变，同时熊猫的位置也发生变化，这会让我们觉得熊猫从一个房间走到了另一个房间（当然，我们必须上传准备好的背景图像以供使用）。

重复执行和控制变量

现在我们已经知道"如果"积木的作用了。基本上一个条件若能得到满足，脚本便开始运行"如果"所在的循环；要是条件未能满足，那么脚本继续运行时，"重复执行"积木会起作用吗？"直到"积木呢？想让循环以特定的方式运行，那么我们需要"控制"变量。还记得前面的"游戏结束"变量吗？这个变量就是我们所说的控制变量。

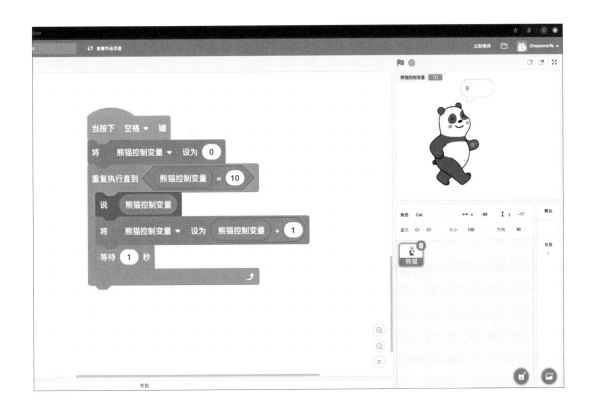

上面是脚本范例，它是一个由变量控制的循环结构，变量的参数值能达到 10。

你可以在你的程序中运行一下这个脚本，你将看到：当按下键盘的空格键，熊猫从 0 数到 9，然后游戏结束。这便是通过控制循环来实现的。也许你还会觉得奇怪，因为一般数数时我们会数到 10；但是，逐行查看这个脚本，你就会发现：在这个循环中，当控制变量值为 10，循环就结束了，所以熊猫永远不会说出数字 10。

"控制"变量可用于执行任何操作：

－改变熊猫的位置。

－进行数学计算。

－制作可以不断重复的游戏。

通过下一章的实例，我们会向你演示在不同情况下如何应用这些循环结构。

到你了！让我们创作一款骑十格斗游戏

这本书的学习即将结束，你很快就可以制作出一个完整的游戏了，多么激动人心！编程是不是很有意思呢？我们知道你肯定无比仔细和耐心，十分专注地投入到了编程之中，这些正是成为最佳程序员所需的品质。

哪怕最不好玩的游戏背后也会有大量的编程工作。在这里我们将教你制作一款非常非常容易上手的小游戏，如果你有弟弟妹妹，你还可以邀请他们和你一起玩。说实话，这款游戏已经得到了我6岁的儿子、9岁和10岁的侄子的认可。当然了，Fortnite（堡垒之夜）的玩家会说："你们这个游戏太菜了！"它是有点笨，但是能做出这款游戏并且试玩过之后，才能明白那些优秀的游戏和软件的背后，人们付出了多少劳动和努力。

早在1982年，一款名为鸵鸟骑士（Joust）的游戏面世了。Joust这个英语单词的意思是骑士格斗。当然，你应该从未听说过它，我们和你介绍一下：Joust是指骑在马上用长矛比拼双方实力的格斗。当然我们这里所说的骑士格斗游戏并不同于一般的骑士格斗，它有点奇怪的地方是：玩家骑的是鸵鸟而不是马。如果你玩的是"双人"模式，那么第二个玩家骑的则是白鹳。

鸵鸟骑士（Joust）的有趣之处在于，两只动物都可以在舞台上飞来飞去，但它们必须面对面地针锋相对，直到二位玩家中某一位获胜。谁能赢得比赛？设法让自己的角色击中另一个角色的玩家将获胜。是的，我知道获胜条件很简单，但在20世纪80年代，游戏就是很简单的。

这款游戏可以迭代构建，也就是可以逐步来创建。请不用担心，我们会和你解释清楚这个词的含义。迭代相当于你赋予游戏的一个"助推力"，也就是说，在编写脚本时，你总是要设法做出可以运行的游戏版本，然后在未来你可以继续改进这个版本，让游戏变得更加有趣。

在鸵鸟骑士这款游戏中，我们必须在舞台上放置两个角色：鸵鸟和白鹳，二者的脚本几乎一致。我们要用键盘上的按键来控制这两个角色，让它们在舞台上四处移动。但是现在我们只有一个键盘，想玩这款游戏的话，我们还得和第二个玩家共享键盘。事情开始变得有趣了，不是吗？

你首先要做的是亲手画一只白鹳和一只鸵鸟，你可以在画图、Scratch 或任何你想用的程序中作画，但它们必须是体积非常小的图像，然后就像前面所学的一样，将两个角色导入 Scratch。

用来控制鸵鸟的按键是 W、A、S、D，而控制白鹳的则是键盘上的方向键。

游戏脚本如下：

如果按 A 键→向左移动鸵鸟

如果按 D 键→向右移动鸵鸟

如果按 W 键→向上移动鸵鸟

如果按 S 键→向下移动鸵鸟

白鹳的脚本几乎一样。这个脚本能让我们控制舞台上两个角色的行动；在有两位玩家的情况下，每个人通过四个不同的键就可以控制其中一个角色了。

原理很简单，对吗？现在我们需要启用所谓的"碰撞检测"，即当一个角色接触到另一个角色时，通过比较两者的垂直（Y 轴）坐标的位置，据此判断哪位玩家获胜。可以通过以下方法来做：控制每次移动，检测一个角色是否占据了另一个角色的空间，这样的话，我们必须遵照下面的步骤：

如果（鸵鸟的垂直坐标 < 白鹳的垂直坐标）那么
　　说："白鹳获胜"

否则

如果（鸵鸟的垂直坐标 > 白鹳的垂直坐标）那么
　　说："鸵鸟获胜"

否则
　　说："平手"

现在你可以和你的好朋友一起玩这个游戏了！请记住：要飞快地按键才能让你的角色碰到对方角色并位于其上方。如果你看到两个玩家中有一个人总是能赢，那么你可以为输的人提供一点帮助，让他的角色移动时的参数值变大。也就是说，当他按键时，他角色的移动距离会超过另外一个玩家角色的移动距离（比如原本参数值为 +2，你可以修改为 +4）。这样操作就能让输家的角色移动得更快，以占到先机。你和 6 岁的小朋友们玩这个游戏时，这样的修改可以让他们的角色移动得比你的快得多，这对小朋友很有帮助。当然，鸵鸟和白鹳并非永远要一只待在舞台左边，另一只待在右边。此外你还可以在对手下方一直盘旋绕圈，虽然这样做有些冒险，因为你的对手可能会突然迅速下降然后撞到你的头，但如果你这么做了，你会赢的！

想对这款游戏进行扩展也是很简单的事情。随着你编程水平的逐步提高，你也可以为游戏加入新的内容！

附录　参考网站

 中国少儿编程网

 中国爱好者社区

 少儿编程网

图书在版编目（CIP）数据

5 岁就可以学 scratch 编程啦 /（西班牙）劳尔·拉贝拉编著；文竹译 . —长沙：湖南
科学技术出版社，2021.10
书名原文：Scratchmania
ISBN 978-7-5710-1194-9

Ⅰ . ① 5⋯ Ⅱ . ①劳⋯ ②文⋯ Ⅲ . ①程序设计－儿童读物 Ⅳ . ① TP311. 1-49

中国版本图书馆 CIP 数据核字（2021）第 174921 号

湖南科学技术出版社经由锐拓传媒取得本书中文简体版独家出版发行权利
著作权登记号：18-2020-028

5 SUI JIU KEYI XUE SCRATCH BIANCHENG LA

5 岁就可以学 scratch 编程啦

编　　著：〔西班牙〕劳尔·拉贝拉
译　　者：文　竹
责任编辑：王　燕　杨　林
出版发行：湖南科学技术出版社
社　　址：长沙市芙蓉中路一段 416 号泊富国际金融中心
网　　址：http://www.hnstp.com
邮购联系：0731-84375808
印　　刷：湖南天闻新华印务邵阳有限公司
　　　　　（印装质量问题请直接与本厂联系）
厂　　址：邵阳市东大路 776 号
邮　　编：422001
版　　次：2021 年 10 月第 1 版
印　　次：2021 年 10 月第 1 次印刷
开　　本：787mm × 1092mm　1/16
印　　张：5.75
字　　数：102 千字
书　　号：ISBN 978-7-5710-1194-9
定　　价：48.00 元